ヤマトンチュが知らない「オール沖縄」の実相

中村憲一
木村智広

「オール沖縄」の苦悩と民意――「まえがき」にかえて

この五年間、沖縄を何度訪れたことか。

はじめて沖縄取材入りしたのは、翁長雄志(おながたけし)知事誕生目前の二〇一四年九月のことだった。当時は、沖縄で保革のイデオロギーを超えた「オール沖縄」という政治潮流が新たに生まれているということを耳にしている程度だった。

辺野古に集まる運動家は一体どんな人たちなのだろうか? そういった素朴な疑問が沖縄取材を始めたきっかけのひとつだった。翁長県政誕生前後から『辺野古を歩く』というタイトルで月刊誌に沖縄ルポを連載し、その二年後には基地反対派と容認派のインタビューを収録した『沖縄両論　誰も訊かなかった米軍基地問題』(春吉書房)を上梓した。

二〇一六年三月、政府と沖縄県は、翁長知事の埋立承認取消をめぐって、泥沼の訴訟合戦に発展するかに見えた裁判を互いに取り下げて和解。辺野古は一時休戦状態になり、舞台は、沖縄本島北部の東村高江に移っていた。取材も兼ね、高江現地で抗議運動を指揮する山城博治さん（沖縄平和運動センター議長）に本を直接手渡そうと訪れたのが、出版直後の同年九月のことだ。

早朝四時に那覇市内のホテルを出発し、レンタカーで移動すること三時間以上。携帯電話の電波も届かない密林地帯・高江に到着すると、どこもかしこも機動隊の山、山、山だった。

機動隊車両のナンバーを見ると、沖縄だけでなく、東京、千葉、大阪、福岡などの他都府県の機動隊が集結していて、その車両が片側一車線の県道七〇号の脇に所狭しとびっしりと駐車されていた。優に五〇〇人以上の機動隊員が反対派市民とにらみ合う現場に到着すると、高江橋のたもとで山城さんが拡声器を持って独特の語り口で激しく演説している。「機動隊の中隊長さん。今日は、こういう悪天候だ、お互いぶつかるのはやめよう。うん、うん。分かってくれたようだ」と、衝突が回避されたとひと安心した様子。しかし、その次の瞬間、機動隊員が一斉に動き出す。

山城さんらは、背後の高江橋上を何十台もの自動車で封鎖している。「今日はやらないと約束したじゃないか！」、「引け、引け」、「みんな引いて！　車の下に潜り込んで」、「バラバラになって、固まっちゃダメ！」と山城さんの指示が矢継ぎ早に飛ぶ。

どうやら、山城さんが機動隊の責任者に強制排除をしないように呼び掛けたものの、サングラスで表情を隠したままの機動隊の責任者は、山城さんを無視して淡々と反対派市民の強制排除に乗り出したようだ。屈強な機動隊員たちは瞬く間に反対派市民を囲い込み、道路を封鎖していた反対派の車両を次々にジャッキアップし、レッカー移動していく。

高江橋は、ヘリパッドの建設資材が入るN1ゲートから約五〇〇メートルの位置。山城さんら反対派は、ヘリパッド建設資材を搬入するダンプトラックの通行を妨げようと、その橋上に自家用車三〇～四〇台を止めて封鎖する作戦をとっていた。

機動隊車両が何十台いや何百台も整然と路上駐車しているように、ここは駐車禁止ではない。山城さんの作戦をいつもながら天晴れなやり方だと一人感心していたが、後日、高江区の住民に取材すると、こうした道路封鎖に対しては、高江現地の「ヘリパッドいらない住民の会」などから「暴力的だ」との批判の声を聞いた。

機動隊との攻防が激しさを増す日々だっただけに、車両で道路を封鎖したり、建設資材を積載したダンプトラックの前に飛び出したりといった激しい抗議行動を繰り返す反対派もいれば、そうした手法を過激だとして反対する市民もいた。高江ヘリパッド反対という点では一致するが、反対運動の手法には様々な意見の衝突があった。

「衝突」は、現場の運動だけではなかった。

翌一〇月中旬、那覇市の知事公舎での一幕。この日、翁長知事と与党県議団との間で行われた意見交換会の場で、知事への不満が噴出した。

その約一週間前の一〇月八日、沖縄を訪問していた菅義偉官房長官が北部訓練場の過半を年内に返還すると表明したことに、翁長知事が「歓迎」の意を表したことに端を発したものだった。「なぜオスプレイ仕様のヘリパッド建設に明確に反対と言えないのか?」と翁長知事に詰め寄る与党県議たち。

翁長知事は、知事選出馬に伴う二〇一四年一〇月の政策発表会見で、「オスプレイ撤去と県外移設を求める中で、オスプレイが離着陸する高江のヘリパッドは連動して反対していくことになる」と表明していた。革新系は、知事のこの発言を高江ヘリパッド反対と受け止めた。

しかし、翁長知事は、工事を強行する国側の手法については繰り返し批判したが、ヘリパッド建設そのものには最後まで反対を明言しなかった。

国が高江のヘリパッド工事を始めたのは、二〇一六年七月一一日。伊波洋一氏が参院沖縄選挙区で現職の国務大臣相手に一〇万票もの大差で勝利した翌日早朝のことだった。その日、翁長知事は「用意周到にこの日を待っていたというのが見え見えで、到底容認できない」と怒りを露にしたが、その是非については煮えきらない態度に終始した。

ある与党幹部は、「高江のヘリパッドは、オスプレイを使用することを前提にしたもの。オスプレイは、オール沖縄の一致点である『建白書』にはっきりと配備反対と書いてある。翁長知事も、知事選前に、高江のオスプレイパッドには反対と言ったはずなのに……知事の胸中が分からない。最後の一言を言えばいいのに……」と苛立ちを隠さずに語っていた。

翁長知事は、詰め寄る与党県議に「私はこれまで保守の政治家としてやってきたし、私には私の支持者がいる。私の支持者に革新系候補者への投票を呼び掛けるのがどれだけ大変か、あなた達（革新）は分かりますか？　腹六分でないと私たちの共闘は難しい」と言い切った。

政府は、北部訓練場の一部返還は、高江周辺に六つのヘリパッドを新設することが交換条件だと迫っていた。翁長知事を支持する保守中道層は、オスプレイ配備には反対だが、SACO合意を基本的に容認する立場で、北部訓練場の返還など米軍基地の整理縮小には賛成していた。

知事就任満二年を前にした記者会見で、高江ヘリパッドについて翁長知事の口から「北部訓練場なども苦渋の選択の最たるものだ。約四〇〇〇ヘクタールが返ってくることに異議を唱えるのはなかなか難しい」という言葉が飛び出し、さらに混迷の度合いを深めていく。

「苦渋の選択」、「苦渋の決断」という言葉は、沖縄では、やむにやまれぬ思いで米軍基地の負担を引き受ける際に使われてきたものだ。知事のこの発言は下手をすると、ヘリパッドを容認したとも受け取れるものだった。

『沖縄両論』を上梓したのは、オール沖縄がこうした混迷を極めている時期だった。目まぐるしく動く沖縄の情勢に、私の中でまだやり残したような焦燥感がふつふつと湧いてきた。それは、「オール沖縄の本当の姿を取材出来ているのか」という思いだった。

ちょっとしたきっかけで四分五裂する危険をはらむオール沖縄が、なぜいざという時に強力にまとまるのか、彼らのその底力は一体何なのか？　それには、これまで取材してきた政治家や運動家ばかりではない、オール沖縄の背景にあるものをもっと克明に描き出す必要があるのではないか。

こうした思いで引き続き連載を始めたのが、『オール沖縄の実相』だった。約二年間の取材で見えてきたものが、本書であり、タイトルの『草の根』だった。

普通の自治会長、普通の漁民、普通の母親……彼らの声をすくい上げることで、よりリアルなオール沖縄像を描き出し、「草の根」の沖縄の声を届けたいと思い、上梓することになった。本書を通して、なぜオール沖縄の風が今も吹きやまないのか、その一端を感じていただければ幸いだ。

本書執筆にあたって、取材に快く応じていただいた方々や、取材の橋渡しにご協力いただいた皆さん、そして、本書の出版を快諾していただいた春吉書房の間一根社長に心より謝意を表したい。

二〇一九年八月吉日

中村憲一

「オール沖縄」の苦悩と民意――「まえがき」にかえて　3

第1章　「偏っている」――沖縄地元紙の「反論」――
『琉球新報』普久原均さん　13

第2章　一変した「生活の場」――オスプレイ墜落の衝撃――
名護市安部区長・當山真寿美さん　27

第3章　「不屈」――長期勾留からの保釈――
沖縄平和運動センター議長・山城博治さん　37
ドキュメント「オール沖縄」①　保守離れ？　那覇市議選　47
ドキュメント「オール沖縄」②　知事批判の真意　54

第4章　「普通のママ」の不安――米軍機が保育園上空を飛び交う日常――
宜野湾市「チーム緑ヶ丘1207」宮城智子さんほか　63

第5章　相次ぐ事故──島民の怒り──
伊計島自治会長・玉城正則さん　75

第6章　オール沖縄の誤算──名護市長選挙の敗北──
名護市議・比嘉勝彦さん　83
ドキュメント「オール沖縄」③　呉屋氏辞任の衝撃　93
ドキュメント「オール沖縄」④　足並みの乱れ　101
ドキュメント「オール沖縄」⑤　翁長氏の急逝　109
ドキュメント「オール沖縄」⑥　弔い合戦・知事選　117

第7章　辺野古容認の舞台裏──元村長の告白──
元宜野座村長・浦崎康克氏さん　125

第8章　本土への問いかけ――沖縄「保守」の主張――
那覇市議・永山盛太郎さん、宜野座村議・眞栄田絵麻さん　135
ドキュメント「オール沖縄」⑦　玉城丸――波乱の船出――　144
第9章　ウチナーンチュとヤマトンチュの狭間で
沖縄国際大学教授・佐藤学さん　151
あとがき　168

第1章 「偏っている」

――沖縄地元紙の「反論」――

『琉球新報』普久原均さん

「沖縄二紙は潰さなあかん」。二〇一五年六月、自民党若手国会議員の勉強会でのベストセラー作家・百田尚樹氏の発言が物議を醸した。名指しされた沖縄二紙のひとつ、『琉球新報』の「反論」を聞いた。

沖縄地元紙の中立公正――民意の「ダブル・スタンダード」――

その発言が飛び出したのは、安倍首相に近いとされる自民党若手国会議員の主催する勉強会「文化芸術懇話会」の場だった。一部の出席議員からは「マスコミを懲らしめるには広告料収入をなくせばいい」といった発言も飛び出した。

こうした沖縄地元二紙へのバッシングは珍しくはない。現東京都知事の小池百合子氏も、沖縄担当相だった二〇〇六年当時、「沖縄とアラブのマスコミは似ている。超理想主義で明確な反米と反イスラエルで、それ以外は出てこない」と、沖縄地元紙の報道姿勢を批判したことがあった。

沖縄取材を始めた当初、県民大会を報じる見開きの紙面展開に圧倒され、「新基地建設断念」、「知事決断」といった大見出しに度肝を抜かれた記憶があった。これらの紙面構成には、インターネット記事では伝わらない、視覚的に飛び込んでくるインパクトがある。

百田氏の発言はともかくとして、疑問に思うこともあった。私が沖縄取材を始めたのは、翁長氏が当選した知事選挙（二〇一四年一一月）直前だった。その知事選で、翁長氏は、約三六万票を獲得して大差で仲井眞氏を破って当選した。とはいえ、仲井眞氏の得票数も二六万票もある。『琉球新報』の社論は、辺野古反対一色のように見えるが、仲井眞氏を支持した基地容認派の声も代弁する必要があるのではないのかという素朴な疑問だ。

普段取材する側の沖縄地元紙をいつかは取材したい、そう思いながら沖縄各地を飛び回っていたところ、取材を始めて二年、ようやく実現した。今では、那覇市県庁近くの泉崎に本社を構える琉球新報だが、私が訪ねた当時は、まだ那覇市天久の国道五八号、通称「ゴッパチ」沿いに社屋を構えていた。取材先は、『琉球新報』編集局長（当時）の普久原均さん。論説副委員長として舌鋒鋭く辺野古反対の健筆を振るった人物として聞き及んでいた。

賛否半々の扱いをすべきではないか――インタビューはそんな疑問をぶつけるところから始めた。

普久原さんは、「翁長さんと仲井眞さんの一〇万票という差は、現職の知事が敗れた知事選としては過去に例を見ない大差です。また、知事選が辺野古の是非を最大の争点にしたことは確かですが、選挙は、ワンイシューで決まるものではありません。世論調査で辺野古の是非を問うと、最近では七割~八割くらいの県民が反対しています。一方、賛成派は、多い時でも一割程度です。紙面を単純に半々に扱うのは疑問です」と説明する。

賛否半々の扱いこそが逆に公正中立ではなくなる、つまり、ある意味、確信犯的に「偏向報道」をやっているというのだ。

普久原さんがそう明言するのには理由がある。

「沖縄の人達にとって、基地問題は人権問題なんです。基地が一方的に沖縄に偏在していて、しかも沖縄の民意が踏みにじられている状況は、まぎれもなく人権問題です。例えば、いじめがあって、一方的にいじめている側、いじめられている側がいて、双方の主張を紙面に半々で載せることが適切でしょうか。人権を侵害する行為は、対等に扱うべきではないと思います」

他方、政府や本土保守派の主張は、『平成30年版　防衛白書』の次のような意見に集約される。

「沖縄は、中国の海洋進出を踏まえると、南西諸島の中心に位置し、また潜在的紛争地域から近すぎず遠すぎない、戦略的要衝にある。日米安全保障の要で抑止力をもつ米海兵隊を沖縄に駐留させる必要がある」

普久原さんは、その主張に「軍事的に沖縄でなければならない理由などない」と真っ向から反論する。

その根拠は、普久原さんが東京支社に勤務していた二〇〇五年、在日米軍再編交渉を取材した際に聞いた防衛庁（当時）幹部の発言にあった。この二〇〇五年という時期は、一九九九年末に稲嶺惠一知事と岸本建男名護市長が一五年使用期限や軍民共用空港などの条件を付けて合意した従来案を政府が一方的に反故にし、沖縄の頭越しに辺野古移設の現行案を決定する時期にあたる。普久原さんは、その時、日米政府の交渉を取材していた。

その取材の過程で、米側が普天間飛行場を含む沖縄の海兵隊を日本本土に移転するプランを日本政府に打診していたことをキャッチしていた。そこで、当時の防衛庁首脳に「米側は本土移転案を持っているのに、なぜ検討しないのか」とぶつけると、「本土はどこも反対決議の山だ。どこに受け入れるところがあるのか」と平然と言い放ったという。普久原さんはその幹部の発言に深い不信感を抱いた。

というのも、その時点で「本土に移転可能」という米側の打診は、ごく一部を除き、ほとんど報道されておらず、当然、本土側が反対決議をやっていたわけがないからだ。一方、沖縄では、当時、辺野古移設の現行案や嘉手納統合案など様々な県内移設案が議論されていたので、それらに対し、県内移設反対を決議していた。

「本土側は、そもそも知らないので、反対決議をしていませんが、政府は、先回りして本土側の民意を汲んで検討すらしません。しかし、沖縄では、現に反対していても押し込んでくる。これはダブル・スタンダードではないかと書きました」

それまで、沖縄でも、沖縄に基地がなければ軍事的に機能しないという政府の刷り込みがそのまま流布していた。しかし、その当時、駐日米国大使館の幹部が「九州と北海道への海兵隊の移転を提案したが、日本側がとりあわなかった」とはっきりと発言していたという。

「米側は、軍事的には沖縄でなくてもいいと言っているわけですから、沖縄の民意だけが蔑ろにされたわけです」

こうした「民意の『ダブル・スタンダード』」に直面して、『琉球新報』は、「沖縄の基地問題は差別の問題」、「沖縄のことは沖縄で決めるべきなのに、自分達の地域の将来像について選択権がない」という主張を前面に打ち出すようになっていった。

その論調を象徴するキーワードが「自己決定権」だ。自己決定権とは、自分達の地域にとって死活的に重要なことについては、その地域の住民の民意を尊重して、彼ら自身で決めるというものだ。

「新潟県の巻町で一九九六年に原発建設の是非を巡って住民投票がありました。結果は、受け入れ反対が賛成を上回りました。すると、巻町で原発をつくる動きはピタッと止まったのです」

「しかし」と、普久原さんは続ける。

「沖縄については、自分達の地域の将来にとって重要な事柄について、選挙で何度明確に意思表示しても尊重されない状態に置かれています。これはとりもなおさず沖縄には民主主義を適用しないということです」

とはいえ、原発と違い、外交・安全保障は政府の専管事項ではないのか。

そうした疑問に対し、普久原さんは、「では、外交や安全保障については、その地域の民意をまったく問う必要がないのでしょうか。政府は、沖縄以外でも、その地域の民意をまったく無視して米軍基地を押し付けているでしょうか。沖縄とその他の地域では扱い方がまったく違うと思います。また、そもそも外交や安全保障に関わることだから、その地域の意思をまったく無視していいわけはありません。軍事は、最終的には民意に従うというのが、シビリアン・コントロールではないでしょうか」と疑問を投げかける。

不都合な「非現実」

しかし、本土の軍事専門家などは「海兵隊は地理的に沖縄でなければならない」とする意見が圧倒的多数だ。二〇〇五年当時、米側が本土移転を日本政府に打診していたとしても、日本側としては、米軍の軍事的機能を考えた時、それでもなお沖縄に駐留させたいと考えていた可能性もある。『琉球新報』はそうした軍事的側面をどう考えているのか。

普久原さんは、「軍事的な地理的要因・時間的要因を本当に重視するのであれば、沖縄ではなく九州北部に配備したほうが便利のはずです」と指摘する。

その理由はこうだ。

「米海兵隊は、長崎県佐世保を母港とする強襲揚陸艦（ヘリ空母）を移動手段にします。佐世保から沖縄まで強襲揚陸艦を回航するのに丸一日かかります。移動する距離と時間を考えれば、むしろ佐世保に近い九州北部に海兵隊を置いたほうが効率的ではないでしょうか」

しかし、「最低でも県外」とした鳩山政権が辺野古案に回帰した理由として、海兵隊は、地上部隊とそれを運搬する航空部隊の一体的運用が必要だとしている。つまり、沖縄の海兵隊のうち普天間の機能（航空部隊）だけを県外移転できないというわけだ。

それに対しても、歴史的事実を元に疑問を呈す。

「普天間飛行場の第一海兵航空団は一九七六年までは山口県の岩国飛行場に駐留していました。つまり、その時点までは、キャンプ・シュワブなどの地上戦闘部隊とは別々に運用されていたわけです。こうした『事実』を一つひとつ議論していくと、海兵隊が軍事的に沖縄でなければならない、という理屈はおかしいと、県民は気付きはじめたのです」

沖縄県民は、本土が単に受け入れたくないから、沖縄に米軍基地を押し込めておきたいという政府側の意図を徐々に気づき始めたのだ。

実際、こうした意見を裏付ける証言が政府中枢からも出てきている。

一九九六年四月に普天間飛行場の返還を米側と合意した橋本龍太郎政権で官房長官を務めた梶山静六氏が、本土での反対運動を懸念して普天間の移設先が辺野古以外にない、とした書簡が発見された。書簡は、官邸の密使として沖縄側との交渉を担った元国土庁事務次官の下河辺淳氏にあてたもの。書簡には、「必ず本土の反対勢力が組織的に住民投票運動を起こすことが予想される」、「名護市に基地を求め続けるよりほかはないと思う」と綴られている。

中国の海洋進出への脅威、特に尖閣諸島の危機から、抑止力としての海兵隊は沖縄に必要だと、政府は繰り返し言う。つまり、沖縄には多大な迷惑をかけているが、それでも国の安全保障上、どうしても沖縄への海兵隊の駐留を正当化せざるを得ないという意見がある。

こうした疑問にも普久原さんは、「米軍が尖閣防衛のために立ち上がるというのは、非現実的な想定だ」と切り捨てる。

「二〇〇五年二月の日米の外務防衛担当閣僚会議、いわゆる2プラス2合意では、自衛隊と米軍の任務・役割について取り決めたのですが、島嶼防衛は、自衛隊の任務と位置付けられています」

その合意では、自衛隊の任務、米軍の任務、日米共同任務と三つに分かれていたのだが、島嶼(しょ)防衛、つまり、尖閣防衛については、米軍の任務はおろか日米共同任務でさえもない。自衛隊が主体的に尖閣諸島などの離島防衛を担うことは、安倍政権下の二〇一五年四月の日米新ガイドラインでもなにも変わっておらず、米軍の任務は、補完的任務、すなわち、軍事衛星による情報提供などにとどまり、海兵隊の出動を想定するには無理がある。「沖縄の海兵隊が尖閣防衛のために出動するというのは、政府にとって『不都合な非現実』なのです」

中国脅威論に対する反論

ところで、筆者は、二〇一六年一月、「国境の島」と言われる石垣市を取材で訪れたことがあるが、そこで次のような不満の声を聞いた。

「尖閣を抱える石垣島の住民には、中国公船の領海侵入が常態化し、漁業者が追跡されたりしている事態に危機感があります。しかし、沖縄二紙は、そうした国境の島の危機感をほとんど報じません」（保守系石垣市議）

そうした意見を念頭に、尖閣周辺での中国の領海侵犯については、なんらかの手だてが必要ではないかとさらに突っ込んだ。

「『琉球新報』は、尖閣諸島が日本固有の領土であることを踏まえた上で、中国が尖閣周辺の日本領海内に公船や漁船をたびたび出してきていることには社説で批判してきました。しかし、その解決方法は、軍事力ではなく、外交交渉であるべきだという立場です」

とはいえ、話し合いで解決できる相手ではないのではないか。

「単に話し合いをすればいいというわけではありません。中国がどのような内在的論理で動いているのかを把握した上で外交交渉を行うべきだと思います」

そもそも普久原さんは、現在のように日中間の緊張が高まった一因に日本側の失策があったと指摘する。

現在のように日中関係が悪化したきっかけは、二〇一〇年九月の中国漁船と海上保安庁の巡視船の衝突事故だった。当時の民主党政権は、中国人船長を逮捕して起訴しようとしたが、問題はそこから勃発した。

普久原さんは、「中国側の論理では、これは、一九九七年一一月の日中漁業協定の協定付属文書違反にあたります」と言う。この協定付属文書は、当時の小渕恵三外相が中国側の外相に書簡を送り、中国側外相が小渕外相に返信するといったやりとりから、通称「小渕書簡」と呼ばれている。

そこでは、「日本側漁民と中国側漁民それぞれの違法行為については、それぞれ自国政府が取り締まる」と取り決められている。つまり、日中両政府は、互いに相手国の漁船の違法行為について警察権を行使しないと約束していたのだ。これは、表立っては協定に書けないことを約束した一種の密約に当たる。

日本の海上保安庁の巡視船が中国人船長の身柄を緊急避難的に拘束したのは当然としても、起訴して裁判にかけるとなると、中国側にとっては小渕書簡に反する約束違反にあたるのだ。

「中国側は、身柄拘束そのものよりも、起訴に対して反発したというのが正しい理解でしょう。その後の尖閣国有化にしてもそうです。日中両政府は、国交正常化の際、田中角栄首相と周恩来首相との間で、棚上げで合意したにもかかわらず、日本側がそうした歴史的経緯を無視して、石原慎太郎都知事（当時）による尖閣購入発言に端を発して国有化したわけですから」

ここでも、一方的に約束を破ったのは日本側というわけだ。普久原さんは、「こうした中国側の論理を踏まえた上での外交交渉こそが日本側には求められているはずです」と指摘する。

「反基地世論を煽る沖縄地元紙」、「県民世論をミスリードする沖縄二紙」。沖縄地元紙には、こうした批判がつきまとう。沖縄地元紙を読む前から、中国寄り、尖閣問題を報じないといった知ったかぶりで批判する声をよく耳にしてきた。

だが、実際には、普久原さんは、島根県の地方紙『山陰中央新報』との合同企画で、竹島と尖閣をテーマに取り上げた連載「環（めぐ）りの海」など、何度も記事にしてきた。思い込みやレッテル貼りに惑わされることなく、虚心に沖縄地元紙の主張に正面から向き合うことが求められている。（中村）

第2章

一変した「生活の場」

――オスプレイ墜落の衝撃――

名護市安部(あぶ)区長・當山真寿美さん

二〇一六年一二月一三日午後九時半ころ、名護市安部区の浜辺に米軍機オスプレイが墜落した。事故現場は、安部の集落からわずか八〇〇メートルの位置。安部区の区長・當山真寿美さんは、住民の日常生活の場で起きた事故に、集落住民の意識が一変したという。

静かでのどかな集落が一転……

墜落したオスプレイは普天間飛行場所属機で、事故当時は空中給油訓練中だった。乗組員五人のうち二人が負傷。米軍によれば、空中給油訓練中に切れたホースがオスプレイのプロペラを破損し飛行が不安定になったのが原因だった。墜落した機体は、胴体部分や翼部分が分断されるほどに大破した。

當山さんは事故当時をこう振り返る。

「米軍機の夜間飛行の音は毎晩のように聞こえますが、事故のあった夜は特にうるさかったですね。『明日の朝は、住民から苦情がくるだろうな』、そんな風に思って眠ったら、朝起きると大変なことになっていました」

當山さんが聞いた米軍機の音は、墜落したオスプレイの乗組員を救助するために低空飛行で飛び交っていた米軍ヘリの音だった。翌朝、當山さんが家の外に出てみると、穏やかだった集落の風景は一転、米軍や警察、記者などでごった返していた。

當山さんは区長として様々な対応に追われ、事故現場をしっかり見ることができたのは事故後数日たってからだった。米軍側は、事故を「不時着」と主張したが、事故現場でバラバラになった機体や無数の残骸を見た當山さんは、「墜落したとしか思えなかったです」と証言する。

「キャンプシュワブと安部地区」

安部区は、人口約一三〇人、標高三〇〇メートルほどの山々と太平洋へとつながる海に囲まれ、道端ではおばあが椅子に座って昼寝しているような、南国らしいゆったりとした時間が流れている小さな集落だ。

沖縄本島を南北に走る沖縄自動車道を北上し、本島中部の宜野座ＩＣから東海岸線沿いに国道三二九号を北上し、埋立工事が続く名護市辺野古区を通り過ぎ、そこからさらに国道三三一号を北上すれば、那覇空港から車で約一時間半でたどり着く。

事故当夜、墜落現場付近ではイザリ漁が行われていて、漁をしていたおばあたちは墜落したオスプレイの残骸を発見したという。イザリ漁とは、夜に潮が引いた時に、浜に取り残されたタコや貝を獲る漁のことで、月明かりや懐中電灯の光を頼りに七〇歳前後のおばあたちが漁をする。

オスプレイが墜落したのは浜辺からわずか二〇〇メートルしか離れていない。安部区の浜辺は遠浅で、オスプレイが墜落した現場付近もイザリ漁の漁場だった。當山さんは、「時間がちょっとでもずれていたら、おばあたちの頭上に落ちていたかもしれない」とゾッとした表情で当時を思い出す。

オスプレイは開発段階から機体の安全性が疑問視され、普天間飛行場への配備にあたっては保革を越えた反対運動が沖縄で繰り広げられた。二〇一二年九月には、約一〇万人の県民が集まって「オスプレイ配備に反対する沖縄県民大会」が宜野湾海浜公園で開催され、県民大会の共同代表を務めた当時那覇市長の翁長雄志氏は、「日本の安全保障は国民全体で考えてもらいたい。沖縄は、戦前、戦中、戦後と十分すぎるほど国に尽くしてきた。もう勘弁してほしい」などと訴えた。

この県民大会では、県内全市町村長がオスプレイ配備反対を表明したことを受けて、地元紙などでは、この頃から、「オール沖縄」という表現が使われるようになった。しかし、米軍は、二〇一二年一〇月から翌年九月にかけて計二四機のオスプレイを普天間飛行場に配備していく。

安部区での墜落事故は、オスプレイの普天間飛行場配備後、初めての重大事故だったが、事故から六日後の一二月一九日には早くもオスプレイの飛行は再開された。

また、翌二〇一七年八月五日には、普天間所属のオスプレイがオーストラリア東部沖合で墜落し、乗員三人が死亡するという重大事故が起きた。その事故翌日、政府は、米軍に対しオスプレイの国内での飛行自粛を要請したが、事故二日後の八月七日には普天間所属のオスプレイが飛行を再開した。その後、政府は自粛要請から一転、オスプレイの飛行を黙認する。

この他にも、普天間飛行場所属のオスプレイは、二〇一七年以降、伊江島補助飛行場（二〇一七年六月）や奄美空港（二〇一七年六月、二〇一八年四月、同年六月、同年八月の計三回）、大分空港（二〇一七年八月）、新石垣空港（二〇一七年九月）にそれぞれ緊急着陸するなど、その安全性は完全には担保されていない。

住民意識の変化

安部区での事故後、當山さんは米軍基地に対する意識が変わったという。

「オスプレイが墜落するまでは、まさかこんなことが起きるなんて思っていませんでした。それまではどこか他人事だったんですよね。他の住民の方も同じです。実際に目の前で事故が起きて、初めてどこにでもあり得ることなんだって危機感を持つようになりました。また、事故後、一番困ったのは、オスプレイが墜落した海が、住民にとって日々の生活の場だったことでした。ここの住民は、釣りをしたりイザリ漁をしたりして生活しているわけです。だから事故による環境汚染とか、事故機の残骸が回収されて普段通りに海に入れるのはいつになるのか、一番不安に感じていました」

當山さんを取材したのは二〇一九年一月だったが、事故から二年以上経った時点でもまだ事故機の残骸回収は続いていた。たった一回の事故が住民の生活に与える影響がいかに大きいかを物語っている。

事故後、米軍基地に対する意識が変わったというが、それまで米軍基地問題を住民の中で議論するのは難しかったようだ。

「住民の間で米軍基地問題について話をするのはタブー視されていました。住民の中には、基地賛成の人もいるし、反対の人もいて、議論し始めるとケンカになってしまうんですね。そうして対立してしまうと基地問題以外の他の事にも影響してきて、住民を二分してしまうんです。だから、みんな、基地についてはロをつぐんできました。それが、事故後、住民の意識が一変し、今後、辺野古に新基地ができたら、もっと危険性が増すから何とかしなければ、という声があがるようになりました」

安部区は、辺野古区とは大浦湾を挟んで車で一五分ほどの距離にある。基地が完成すると安部区上空には、東村高江のヘリパッドや伊江(いえ)島補助飛行場に向かうオスプレイが飛び交うようになる。

「街中での騒音とここでの騒音にはかなりギャップがあります。こんな静かなところで米軍機の騒音があるのは、けっこう問題じゃないでしょうか」

安部区は実に静かな集落だ。夜には、海から少し離れた當山さんの家でも波の音が聞こえる。その静けさの中、米軍機が午後一〇時以降も安部区上空を飛行する音が毎日のように聞こえるという。辺野古新基地が完成すれば、緊急時には最大で一〇〇機のオスプレイが配備可能になる。住民から、オスプレイの騒音や事故の危険性に対して不安の声が上がるのは頷ける。

事故をきっかけに米軍基地問題に対して関心がより高まった安部区の人々。それまであまりかかわることのなかった米軍や沖縄防衛局に対しての印象にも変化があったようだ。事故後の米軍の対応に関し、當山さんは次のように語った。

「すごく親身になってくれました。米軍の方に『どのような作業をやっているのか報告してもらいたい』とお願いしたら、米軍、海保、警察、住民などを交えたミーティングを毎日開いてくれました。ミーティングでは、これまでの作業状況や今後の作業予定などが丁寧に説明されました」

また、沖縄防衛局の対応に関しては、「彼らは特に親切で、私たちが直接見ることができない海底の状況なども写真で説明してくれたりしました。安部区の浜辺はあまりにもキレイだから、沖縄防衛局の方々は、『キレイな海に戻しますね』と言って一生懸命やってくれましたよ。防衛省の幹部の方はどうか分かりませんが、少なくとも現場で働く人たちはやっぱり気持ちに相通じるものがありました」と語った。

沖縄防衛局の現場職員の中には、県出身者が少なくない。彼らには自分たちの生まれ育った沖縄の海をキレイに戻したいという思いがあったのだろう。

當山さんは、取材の中で、オスプレイが墜落した浜辺を「私たちの生活の場」と繰り返し語っていた。自分たちの「生活の場」が危険にさらされた時、誰しもその安全を確保したいと願う。オール沖縄は、そういった沖縄県民一人ひとりの「生活」の中から必然的に生まれたものではないだろうか。自分たちの生活を守りたいという切なる願いがオール沖縄をつくりあげている。（木村）

第3章 「不屈」
――長期勾留からの保釈――

沖縄平和運動センター議長・山城博治さん

二〇一七年三月一八日、前年一〇月に東村高江で抗議活動中に逮捕された山城博治さん（沖縄平和運動センター議長）が保釈された。勾留期間約五カ月、その間、弁護士以外との接見禁止、一二回の保釈請求はことごとく棄却され、勾留は長期間に及んだ。

勾留生活を振り返る

三月一七日に那覇地裁で開かれた初公判での罪状は三つ。一つは、二〇一六年一〇月、高江ヘリパッドの抗議活動中に二〇〇〇円相当の金網をペンチで切ったとする器物損壊容疑。山城さんは初公判でこの容疑だけを認めた。

二つ目は、東村高江ヘリパッド反対闘争最中の昨年八月、反対派市民らの拠点N1裏テント内から市民らの所有物を持ち去ろうとした防衛局職員を追いかけて暴行したとする傷害・公務執行妨害容疑。この模様は、動画投稿サイトのユーチューブに掲示されている。

実際に動画を観てみると、身分を頑として名乗らない男性が山城さんらに追いかけられて「名前を名乗れ」、「身分証を見せろ」、「名前も名乗らず突如われわれの物を持ち去ったら、泥棒と一緒じゃないか」などと、押さえつけられている。

しかし、山城さんらが興奮して防衛局職員とみられる男性を取り囲み抗議している最中も、側で見ている数人の機動隊員は間に割って入ることもしない。おそらく身分を明かさない防衛局職員と山城さんたちのいざこざを「民事不介入」として遠巻きに見ていたのだろう。

これら二つの勾留期限が間近に迫ったところで、今度は辺野古ゲート前にコンクリートブロックを積み上げた容疑で再び逮捕された。実に一〇カ月以上も前の事案だ。ブロックを積み上げたこと自体は事実だが、これも機動隊は目の前で積上げられるのを黙然と見ていたという不作為があった。当時、現場にいた市民によると、反対派市民らが積み上げては、機動隊が移動させることの繰り返しだったという。

反対派市民らが高さ二メートル、幅五メートルものブロックを積み立てる現場を機動隊や警備員が目の前で見て見ぬふりをしながら、その後、逮捕したところに今回の逮捕劇に何らかの政治的意図を感じずにはいられない。

行為自体は事実としても、どれも微罪。地元紙は、「運動の萎縮を狙った不当逮捕」と批判した。山城さんの長期勾留に政治的意図はないと言い切れるだろうか。本土では考えられない逮捕と異常な長期勾留――沖縄だけに適用されるダブルスタンダードが浮き彫りになった。

保釈直後、さっそく山城さんにインタビューを申し込んだところ、山城さんは、「フェンスを切ったこと、コンクリートブロックを積んだことは事実としても、罪とは認めないつもりだ」として次のように裁判への思いを語った。

「この裁判は沖縄の運動を潰す目的の不当な弾圧だと、正々堂々訴えたい。この裁判は、具体的には起訴された私に向けられたものだが、本質的には、一四〇万県民に向けられた不当な弾圧だ」

山城さんは、起訴された三件以外にも取り調べを受けたそうだ。一つは、山城さんらがキャンプ・シュワブゲート前で米軍車両にピケットをはった際、降りてきた米兵とぶつかった件、また、辺野古の抗議運動を妨害しに来た右翼系の活動家との衝突の一件などだ。

これは、山城さんたちがキャンプ・シュワブのフェンスに「No Base」「Peace」といったステッカーなどを貼ったことに対し、酒に酔った右翼系の活動家らがカッターナイフや鋏をもって押し掛けてきた一件だ。

危ないと思った山城さんが「酒に酔った上にカッターナイフを持ち出すのか。危ないからやめろ。今日は帰りなさい」と注意したところ、揉み合いになってしまった。

山城さんたちは四、五名、相手方は一〇数名だったにもかかわらず、その場面だけを切り取って一方的に容疑を着せてきたのだ。

「右翼との揉み合いがいい例だが、警察がその気になればいくらでも罪を着せられると恐怖を感じた。彼らがその気になれば、まだいくつも事件をでっち上げられるだろう」

一つや二つならまだしも、次々に罪状を積み重ねられていき、勾留中はさすがに強いストレスを感じていたそうだ。那覇地検による週一回の取り調べ、その合間に県警の取り調べが続き、「ゆっくり休める日はなかった」と言う。

「外界からの情報が遮断されて拘置所のなかに一人でいると、一体いくつの罪を重ねるつもりだろうかとさすがに不安に感じたし、日本の司法が抱える問題も肌身で感じた」

現場復帰への障害、決して諦めない

辺野古の抗議行動への参加について、山城さんは、「今は慎重にならざるを得ない」と言う。山城さんは、二〇一五年四月、悪性リンパ腫を患って約四カ月間の入院生活を送ったにもかかわらず、その年の一〇月には再び現場復帰した。

「無理をしないで」と体調を気遣う仲間をよそに、常に先頭に立ち続けてきた。そうした山城さんだからこそ、国側は、大病を患った山城さんを長期間勾留したことに対する世論の風当たりが強いので、一旦は保釈したものの、「どうせ山城のことだ、すぐに辺野古に戻るだろう。何か変な動きが少しでもあれば、容赦なく捕まえてしまえ」と考えているかもしれない。しかし、現場復帰は弁護士と相談しながら慎重に判断するという。

その理由は保釈条件にあった。初公判翌日にようやく保釈された山城さんだが、この保釈には、「その他事件関係者との接触を禁ずる」という条件が付いていた。弁護団が「その他事件関係者」の範囲が明確でないとして異議を申し立てた結果、保釈から五日後、接触禁止の範囲が「共犯者」と「公判での証言者」に限定された。検察側は、保釈条件について、口裏あわせや圧力をかけるなどの証拠隠滅を防ぐ目的だとしている。

検察側は、県警の警察官や沖縄防衛局の職員を公判の証言者と予定しているため、彼らが仮にシュワブゲート前にいた場合、山城さんが意図せずして偶然出会ってしまう危険性がある。山城さん側が偶然を主張しても、これまでの経緯をみると、検察や裁判官がどう判断するかは分からない。

「保釈されたからには、以前のように先頭に立ってマイクを握って熱く語りたい。しかし、今、辺野古の激しい抗議行動によって再び保釈を取り消されては、保釈のために動いてくれた方々の思いを無駄にしてしまう。非常に心苦しい思いだ」

保釈後、現場の人たちからは、「ヒロジさん、辺野古に帰ってきて」という声が多く届けられる。勾留の間、「ヒロジ返せ」コールはずっと拘置所の中まで届いていたと言う。

「現場のリーダーを返せ」という思いに山城さんはどう応えるのか。

山城さんは、「勾留中、国内外の実に大勢の方々から激励の言葉を頂いた。拘置所にいる間は四〇〇通にのぼる激励の葉書や手紙をまったく読むことができず、保釈されてから初めて受け取った。当面は、辺野古に行くことができない分、全国各地の仲間にお礼の挨拶をかねて緊迫する沖縄の現地報告にうかがいたい」と言う。

とはいえ、辺野古ではいよいよ護岸工事が始まる。山城さんはどう見ているのか。

「たとえ護岸工事が着工されたとしても、翁長県政と稲嶺市政が続く限り、私たちの決意は微動だにしない。政府は、決して基地を完成させることはできません」

防衛局は、ボーリング調査の結果、改良工事に伴う設計概要の変更が必要になる。これには知事の許可が必要だ。また、名護市長の許可を得ないと、埋立予定区域を流れる美謝（みじゃ）川の水路変更や辺野古ダム周辺の土砂運搬ルートの確保もできない。

しかし、工事が着々と進む中、現場に日々座り込む市民からは、埋立承認の撤回を決断しない翁長知事への不満が日増しに募る。山城さん不在のゲート前では、半ば公然と翁長知事批判が飛び出す。

山城さんは、「政府は、既成事実を積み上げて県民の諦め感を誘っているだけだ。焦る必要はない」と呼び掛ける。

「私たちは徹底的に現場主義にこだわるべきだ。撤回は運動の戦術のひとつ。私たちは、現場に座り込むことによって、工事を止めなくてはいけない」

そう語る山城さんの運動スタイルは、過激なように見えて、彼の方から暴力を振るうことは決してしない。

「私たちの運動は、あくまで非暴力です。屈強な機動隊員相手に過激な暴力で立ち向かおうとしても無理に決まっていますから。でもね、それは何も抵抗しないことを意味しない。私たちは、徹底的に抵抗しますよ。非暴力ではあっても、非暴力の直接行動主義です」

山城さんはゲート前行動には不可欠な人物だ。運動の現場では、どのような抗議の態勢が適切で効果的なのかを巡ってしばしば意見が分かれる。知事選や国政選挙で辺野古反対の民意を示したにもかかわらず、工事を進める政府の強硬姿勢を批判し、座り込んでは機動隊にごぼう抜きされてもまた座り込むなど体をはって止めるしかないと考える市民もいれば、そうした直接行動を「過激」と捉える市民もいる。

千差万別の市民が辺野古に集まるが故に「オール沖縄」といえる一方、党派や運動方針の異なる「オール沖縄」を一つにまとめて運動を進める難しさもそこにある。山城さんは、時には、工事車両の下に潜り込む市民を警察と話し合って「これ以上車両の下にいると排気ガスを吸って体を壊しかねない」と判断すれば、「引け」と命じてきたりもした。

人々を鼓舞し、常に先頭に立ち、時には機動隊員に詰め寄る。しかし、現場の責任者として熱くなる市民を抑えるなど、冷静さも決して失わない。緩急つけながら「したたかに、しなやかに」をモットーに現場を牽引してきた山城さんは、運動体としての「オール沖縄」をまとめてきた稀有な存在だ。

それだけに山城さんの存在は、工事を推進したい政府側にすれば目の上のたんこぶであり、できるだけ運動の先頭に出て来てもらいたくはない。強引な勾留延長もそうした意図が露骨に現れている。現実に山城さんが運動現場に復帰できるめどはまだ立っていない。「山城不在」で運動がまとまるのか――「オール沖縄」に吹く逆風はこのまま続くのか――。

「不屈」の山城さんは、「沖縄の運動には絶望はない。決して諦めない。諦めなければ必ず勝つ、そう呼び掛けたい」と熱く語ってインタビューを締め括った。（中村）

ドキュメント「オール沖縄」①

保守離れ？　那覇市議選

二〇一七年七月九日、沖縄の県都那覇市で市議選が実施された。いち地方選挙とはいえ、沖縄の民意を示す重要な知事選を翌年に控えた沖縄では、その帰趨を占う重要な選挙だ。結果は、翁長知事を支持する市政与党が過半数に及ばなかった。オール沖縄に新たな課題を突きつけた選挙となった。

オール沖縄の保守離れ？　沖縄県民の「わだかまり」

「金城徹さんの落選がなによりも痛い。彼の落選にはさまざまな理由があるにせよ、オール沖縄を支えてきた保守の代表が姿を消したことで、保革共闘のオール沖縄の先行きが心配だ」

ある与党県議はため息混じりにそう語る。

那覇市議会議長も務め当選六回を誇る金城徹前市議。金城氏は、「独善的な議会運営」の混乱の責任を追求され、那覇市議会の与野党会派からたびたび議長解任要求を突きつけられた果てに昨年一〇月、引責辞任した。今回は、逆風の中での選挙だったが、結果は次点で落選した。

前出の与党県議がこの保守系政治家の落選に肩を落とすのは、翁長知事を支える保守層のオール沖縄離れを懸念してのことだ。金城前市議は、翁長県政を支持する保守系会派「新風会」会長を務めていた。

新風会は、前回県知事選に際し、翁長那覇市長（当時）に知事選出馬を要請し、県内移設容認に舵を切った自民党県連に反旗を翻して保革共闘のオール沖縄の一角を築いた。四年前、那覇市議会の最大会派だったが、その後、安慶田光男氏の副知事転任や会派所属市議の県議選への転身（二名とも落選）のほか、脱落者も相次ぎ、今回の市議選の結果、わずか一議席になった。

今回の那覇市議選では、翁長知事を支持する市政与党が共産党七議席、社民党三議席、社会大衆党二議席、民進党一議席など計一六議席、一方、明確な野党が自民党七議席と、ともに過半数に達しなかった。城間市政は、引き続き、公明党七議席を含む一七議席の中立系にキャスティングボートを握られた格好だ。

沖縄地元紙は、最大の人口を抱える大票田の県都・那覇市の選挙だけあって、「オール沖縄に打撃」、「オール沖縄の保守離れ」など来年の知事選に与える影響が必至との見方を示す。しかし、今回の選挙結果をもって、保守のオール沖縄離れの現れとみるのは疑問符が付く。辺野古移設に対する県民の「わだかまり」を過小評価できないからだ。

オール沖縄は、二〇一六年一月の宜野湾市長選に始まり、宮古島市、浦添市、うるま市と市長選で四連敗を喫している。それでもなお、前出の与党県議は次のように来年の知事選に自信をのぞかせる。

「地方の首長選挙と県知事選とは全く別ものです。県民は、知事選や国政選挙では、地元の論理ではなく、辺野古を最大の争点として投票します。こうした市長選挙では、私たちは『オール沖縄』を前面に出さず、地域の問題を中心に訴えます」

うるま市は、那覇市、沖縄市に次ぐ沖縄第三の都市ながら県内最悪の失業率の都市であり、市長選挙は、政府・与党による企業誘致などの利益誘導や失業率の改善が有権者の関心を集め、辺野古の是非は争点にならなかった。その結果、うるま市長選では、現職で自民・公明の推す島袋俊夫氏が、オール沖縄の推す前県議の山内末子氏を約五七〇〇票の大差をつけて再選を果たした。大差での敗北が、オール沖縄陣営に衝撃を与えたのは確かだ。

しかし、昨年七月の参院沖縄選挙区では、オール沖縄の推す伊波洋一氏は、自民・公明の推す島尻安伊子氏と同じうるま市で約七〇〇〇票の差をつけている。宜野湾市、浦添市の各首長選挙も同様で、国政選挙と首長選挙とでは真逆の結果が出ている。

オール沖縄の推す伊波氏は、現職の沖縄担当大臣相手に一〇万六〇〇〇票もの大差をつけて当選した。沖縄の有権者は、県外移設を訴えて六年前に当選しながら、いち早く県内移設容認に鞍替えした島尻氏にレッドカードを突きつけたのだ。そこには、地元の論理よりも、辺野古の是非を問う県民の強い思いがみてとれる。辺野古が直接争点となる知事選などでは、オール沖縄を支持する県民が多数を占める。

「根底には、沖縄県民の多くが感じている『辺野古移設はフェアではない』、『不公平だ』との強い思いがあります。辺野古を争点化できれば必ず勝てる。だからこそ、政府は辺野古はすでに決着済みと言いたいのでしょう。政府は、県民を諦めさせようとしているが、辺野古反対の県民の気持ちは揺らいでいない」(「オール沖縄会議」幹部)

知事選への波及

もっとも一連の首長選挙は、オール沖縄の抱える課題をあらためて浮き彫りにした。沖縄「建白書」を唯一の一致点とするオール沖縄は、それが争点とならない選挙では、各政党の足並みがそろわず、脆さが出てしまうのだ。

「オール沖縄は、辺野古反対の一点でまとまる運動体としての側面が強い。戦略を見直さないと、来年の名護市長選や知事選を乗りきれないのではないか」（地元紙記者）

また、次のような声も聞こえてくる。

「革新色が強まるほど、オール沖縄から逃げる票があるのは否定できない」（「オール沖縄会議」幹部）

オール沖縄に占める革新の比重が相対的に高まる中で、保守中道の翁長知事の支持母体がオール沖縄離れを起こすことは否定できないという懸念だ。

翁長知事は「腹六分、腹八分の共闘」と繰り返し訴える。翁長氏ら保守側が革新側と共闘できるのは、「建白書」にあるオスプレイの配備撤回と普天間飛行場の閉鎖・撤去、県内移設断念までで、その他については一致点を見いだしていない。

昨年の高江へリパッド建設をめぐっても、与党会派がたびたび翁長知事の説得を試みたが、翁長氏は、工事を強行する国の手法は批判したものの、移設工事そのものには最後まで反対を明言しなかった。

もうひとつの懸念材料は、公明党県本部の投票行動だ。オール沖縄内の革新色が相対的に高まるほど、公明支持層がオール沖縄に忌避感を示すことは想像に難くない。

公明県本は、党本部の意向に反して、普天間飛行場の県外・国外移設を求め、前回の知事選では仲井眞氏を推すことなく、自主投票で選挙に臨んだ。翁長氏が現職の知事相手に史上例を見ない一〇万票もの大差をつけて当選した一因には、この公明支持層の投票行動も影響していた。

ところで、公明県本は、県議会六月定例会で、辺野古工事差止訴訟に関する議案の採決を棄権した。公明県本は、いまでも県外移設を求める姿勢には変わりはないものの、司法での争いに関しては、二〇一六年一二月の埋立承認取消をめぐる違法確認訴訟最高裁判決で決着したとして慎重な姿勢を示した。国側との話し合いを求めてのことだ。果たして、今回の公明県本の動きは、オール沖縄への牽制の始まりとみるべきか……。

新風会の凋落に伴い、オール沖縄の保守の先行きに不透明感が漂うものの、高い支持率を誇る翁長氏が来年一一月の知事選で再選される可能性は依然高い。それでもなお、沖縄県が国を相手取って抵抗し続けるには、文字どおりの「オール沖縄」が再結集して保革の共闘体制を再構築できるかが問われる。翁長氏の政治手腕が試されている。

ドキュメント「オール沖縄」②

知事批判の真意

二〇一七年一一月、辺野古で抗議行動を繰り広げる市民に衝撃が走った。翁長知事が同年九月上旬に沖縄本島北部の奥港（国頭村）の使用許可を出していたことが、地元紙の報道で明らかになったからだ。護岸建設用石材の搬入は、これまでの陸路に加え、奥港からの海上搬送が可能になり、工事は加速度的に進むことになった。

知事批判の真意

「台船には、ダンプトラック二〇〇台分の石材を一度に積載できる。政府は、陸路と海路の両面から工事を進める構えだ。一体、これまで体を張って抵抗してきたのは何だったのか。翁長知事は本気で工事を止める意思があるのか」

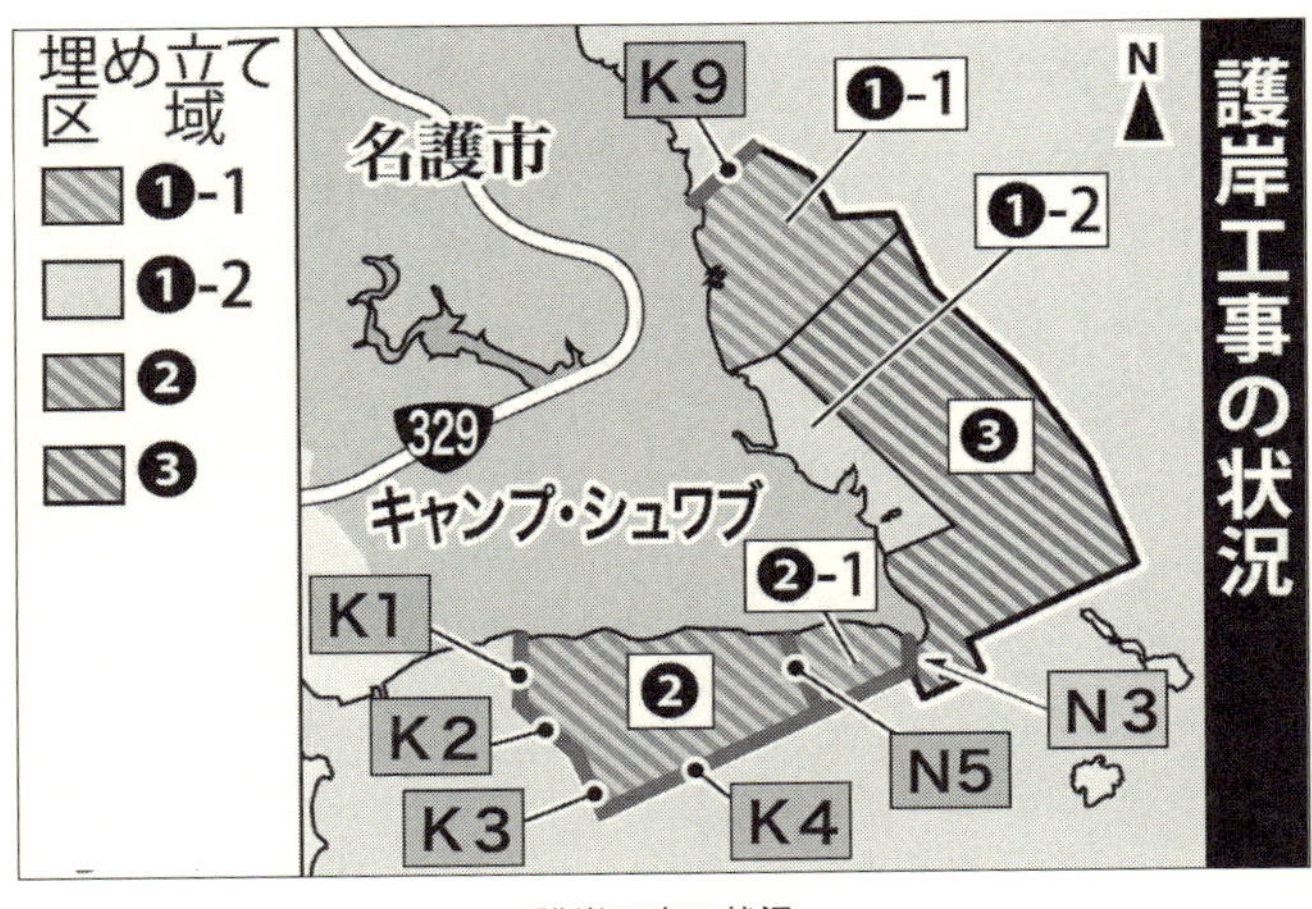

護岸工事の状況

辺野古ゲート前で座り込みに参加する市民は苛立ちを隠さない。

ゲート前行動の参加者がそう語気を強めるのも頷ける。彼らは、日々、遠い那覇市から自腹で辺野古にかけつけ、機動隊と向き合っている。

毎日、機動隊にごぼう抜きされることの繰り返しで、時には怪我もするし、機動隊とのぎりぎりの攻防の中、公務執行妨害や暴行などの罪を着せられることへの不安も抱える。しかし、それでも、「一日でも工事を遅らせたい」という思いをもって、座り込んでいる。

二〇一七年四月二五日から埋立予定区域北東側のＫ９護岸の建設が始まり、一一月六日からは、辺野古崎南西部のＮ５護岸・Ｋ１護岸の工事も新たに始まった。市民らは、護岸建設用の石材を載せたダンプトラックの搬入を阻止しようと、日々、ゲート前に集まる。しかし、それも海上搬送が始まるとなると、止める手立てがない。

こうした事態を受けて、これまで県政批判を控えてきた山城博治さん（沖縄平和運動センター議長）が、とうとう知事の政治姿勢に疑問を投げ掛ける事態になった。

『琉球新報』は、一一月一一日付けで「山城議長、翁長知事批判」との見出しで、山城さんが「これまで知事を批判してこなかったが、奥港の使用許可を受け、正面から県政と向き合う必要が出てきた」などと発言したことを報じた。また、同一六日付けで「山城氏ら、知事姿勢を批判」と続報し、県民から「想定外の反発」（県幹部）が強まっていると強調している。

山城さんが正面から翁長県政を批判し、知事と決別するとなると、オール沖縄にとって抜き差しならない状況になってしまう。運動のシンボルである山城さんが県政と決別するとなると、運動体としてのオール沖縄に遠心力が働き、あわや解体する可能性まで出てきてしまうからだ。

山城さんがこれまで正面切った知事批判をあえて避けてきたことからすると、前述の発言自体は事実としても、山城さんの真意は別のところにあるというのが真相ではないだろうか。

翁長知事は、歴代の沖縄県知事の中で圧倒的に高い支持率を維持しているが、オール沖縄の支持者から決して批判を受けてこなかったわけではなく、辺野古に集まる市民や地元メディアから様々な批判にさらされてきた。その最たるものが辺野古埋立承認撤回だ。二〇一六年一二月、県は、公有水面埋立承認の取消をめぐる違法確認訴訟で敗訴した。知事に残された最大の切り札は、埋立承認以後に生じた理由に基づく撤回だ。ゲート前の市民や地元メディアから翁長知事に撤回を求める声が相次ぎ、この間、政治決断を遅らせる知事に対する圧力が強まっていた。

沖縄地元紙は「後戻りできるのは今しかない」と早期の撤回を求め、市民団体が知事に撤回の申し入れを行ってきたことも報じてきた。今年四月下旬に実質的な埋立工事とされる護岸工事が始まると、特に早期の撤回を求めるこうした声は高まっていた。

しかし、山城さんは、こうした知事批判に同調してこなかった。保釈直後のインタビューに対しても、「撤回は戦術のひとつであって、知事が撤回しないからといって、われわれの戦略は微動だにしない」とし、「翁長県政と稲嶺さんの名護市政を支える運動に徹しよう」と呼び掛けていた。むしろ、知事批判の声を抑えてきたのが山城さんなのである。

では、なぜ山城さんが、奥港使用許可問題を機に知事と正面から対峙しようとしているのか。一見すると、港湾使用許可は最大の切り札である撤回カードと比べると、地味な印象であるにもかかわらずだ。

ゲート前に集まる市民は、世に言う過激な市民活動家ではない。本土で居場所を失った左翼の活動家というわけでもない。そうした人たちが一部に含まれるにしても、大部分はごく普通の沖縄県民だ。それも平日の日中のため、集うのは、多くが定年退職した年配の人たちが中心だ。

彼らが屈強な機動隊と互角に渡り合えるはずもなく、座り込んではごぼう抜きされることの繰り返しだ。それでも、「抵抗の意思」を示し続けようと、日々、ゲート前に参集してきた。

オール沖縄は、そうした市民運動と県政運営が「車の両輪」（与党県議）となって、選挙負けなしの安倍政権に抵抗を試みてきたのだ。知事が県民世論から離れて政治的・法的対抗手段を駆使するだけでは批判にさらされるし、市民運動だけで最終的に工事を止められるわけでもない。

　これらが両輪となってはじめて、「工事は途中までは進むかもしれないが、最終的には基地は完成させられない」（与党県議）わけだ。前述の山城さんの発言は、知事批判というよりも、翁長知事に対して「ゲート前で日々ごぼう抜きされる市民のことを考えると、もう少し踏みとどまってほしい」と、半ばすがるような市民運動側の思いを代弁したものではないだろうか。

揺らぐ県政への信頼

　奥港使用許可は、翁長県政発足後、県側が辺野古新基地建設をめぐって初めて国側に出した許可処分になった。それだけに翁長知事らは慎重に対応したようだ。県は、その年六月下旬に申請を受けた後、弁護士に照会するなどして、通常の標準処理期間を大幅にこえる約二カ月間を要して検討を重ねた。

　県幹部の一人は、次のように背景を説明する。

「弁護士とも協議を重ねた結果、法的要件を満たしているにもかかわらず、不許可にすることはできない。仮に不許可にし、提訴された場合、国側に攻撃材料を与えるだけだ」

また、次のように苦しい胸の内も明かす。

「『あらゆる手段を使って基地建設を阻止する』という知事の公約と違うと言われれば、そのとおりだ。しかし、法律上の要件を満たしているのに、政治判断で不許可にしてしまうと、今後想定される埋立承認撤回をめぐる裁判で、国側から、『県の行政手続には法的不備がある』と追及されることを懸念した。県民からの批判は承知の上だ」

港湾関係法令に則ると、県幹部の説明どおり、翁長知事は岸壁使用許可を出さざるを得なかったのだろう。しかし、今回の問題は、知事が基地建設を阻止するためにあらゆる手段を行使したのか否かというよりも、本来「車の両輪」であるべき県執行部と市民の側が互いの胸の内を理解しながら、県政運営と市民運動を進めてきたのかという課題を突きつけるものとなった。

四月のK９護岸工事着手後、ある与党幹部は次のように指摘していた。

「護岸工事着工は、大浦湾の希少生態系が壊され、われわれにとって痛いのは確かだ。しかし、これをもって本格的な埋立工事の着工とは見ていない。国は、できるところから工事を始めただけで、県民の諦め感を誘うために既成事実を作ろうとしているにすぎない」

ゲート前に集う市民から知事への撤回圧力が強まる中、この与党幹部は、工事の進捗状況に鑑みて、直ちに撤回を決断しなければならないほどの事態に至っているわけではないと県政への信頼を呼び掛けていた。

しかし、今回の事態を受け、与党会派の一部からは、「説明不足だ。県の重要決定について事後的に知らされることが多い」という不満の声が漏れる。地元メディアには「秘密主義の翁長県政」との批判もみられる。

来年はいよいよ選挙イヤーだ。二月の名護市長選にはじまり、秋には天王山の知事選を迎える。県政が市民運動の信頼を取り戻せるのか、オール沖縄は正念場を迎えている。

第4章 「普通のママ」の不安

――米軍機が保育園上空を飛び交う日常――

宜野湾市「チーム緑ヶ丘1207」宮城智子さんほか

二〇一七年一二月七日、沖縄県宜野湾市野嵩の緑ヶ丘保育園に普天間飛行場所属のCH53Eヘリの部品が落下した。平穏な日常に突如空から降りかかった危険に「普通のママさん」たちが動き出した。

民意の矮小化

普天間飛行場の北側約三〇〇メートルにある緑ヶ丘保育園を取材に訪れたのは、沖縄で辺野古埋立ての賛否を問う県民投票が実施された直後のことだ。

県民投票では、埋立反対が、二〇一八年九月の知事選で玉城知事が獲得した三九万六〇〇〇票を超える四三万票、投票総数の七割超を占めたが、今回の県民投票で、筆者が注目したのは、普天間飛行場の地元・宜野湾市の投票結果だった。

知事選後、「普天間の地元の宜野湾市長選挙では、基地容認派の松川(まつがわ)正則氏が当選した。移設反対派は地元の民意を尊重すべきだ」という意見があった。こうした辺野古反対の民意を矮小化する議論に対し、辺野古の是非をワンイシューで問うた時の宜野湾市民の投票行動に関心を持っていた。

結果は、宜野湾市の有権者約七万七〇〇〇人中、辺野古「賛成」が約九六〇〇票、「反対」が約二万六〇〇〇票、「どちらでもない」が三五〇〇票で、「反対」が投票総数全体の約六六パーセントを占めた。投票率も、一般に住民投票の成否の基準となる五〇パーセントをこえる五一・八一パーセント。宜野湾市民は、辺野古の是非のみを問うワンイシューでは反対の民意を示した。

しかし、「辺野古反対」イコール「普天間の固定化」という議論もある。普天間の地元市民が基地の危険性や辺野古の是非をどのように考えているのか、現場を取材した。

落下した部品は、長さ約一〇センチメートル、直径八センチメートル、重さ約二〇〇グラムの透明な円筒で、「REMOVE BEFORE FLIGHT」（飛行前に取り外せ）と記載されている。部品は、一歳児たちが過ごす園舎に落下し、事故当時、園庭では二歳児・三歳児の園児ら約二〇人が遊んでいた。

米軍は、落下した部品が大型輸送ヘリCH53Eの部品だと認めた一方、部品は全部揃っているので飛行中に上空から落ちたものではないと否定した。そのため、保育園にはその後、「自作自演」だとする誹謗中傷のメールや電話が殺到することになる。

内容は、「子供まで利用するクソサヨク。おまえら恥ずかしくないのか?」、「現在、使われていない部品が、空からドン。さて、現在使われていない部品はどこから落ちてきたのだろう」といったものだ。

実際どうだったのか。緑ヶ丘保育園の神谷武宏園長に話を聞いた。

「保育士がトタン屋根に何か落ちたことに気付き、私が屋根の確認に行きました。落下物は熱を帯びたような油の臭いがあり、私は、普天間飛行場の周辺で育ったので、その臭いがすぐに『基地の臭い』だと分かりました」

事故当時、沖縄県が宜野湾市野嵩に設置しているカメラと騒音測定器では、落下と同時刻に普天間所属機のCH53Eヘリが飛行する画像と衝撃音が確認されているが、米軍は、落下事故を否定したまま、現在も保育園上空の飛行を続けている。

普通のママさんの声

事故の第一報を父母会の仲間内のLINEで知ったという父母会会長（当時）の宮城智子さんは、「事故は想定外だった」として次のように語った。

「県内で色んな米軍機絡みのニュースを見ていましたが、危機感はなくて、自分のところには落ちないだろうみたいな気持ちがありました。どこか他人事として慣れすぎていたのかもしれません。それで、第一報を知ったときも、『何が起きたの？』みたいな、現実として飲み込めない感じでした」

宮城さんは、事故後、緑ヶ丘保育園の父母会会長として署名活動や政府への嘆願書の提出などで精力的に活動し、お子さんの卒園後の二〇一八年四月からは、「チーム緑ヶ丘1207」会長として「保育園上空を飛ばないで」と訴える活動を続けている。

その宮城さんと活動を共にする「チーム緑ヶ丘1207」書記の佐藤みゆきさんは、「ざっくばらんに話してもいいですか」と断って話し始めた。

「園庭の上空を米軍機が飛び交います。映像で見るよりも、実際はもっと近い感じですよ。パイロットの顔が見えるんじゃないかっていうくらいです。オスプレイだけじゃなくて、空中給油機とかAH1攻撃ヘリとかCH53はもちろんです」

少々驚いた。女性の口から、AH1やCH53といった米軍機の名前がポンポン飛び出たからだ。本土の住民でこれらの機種が分かるのは、よほどの沖縄マニアか軍事オタクくらいだろう。しかし、佐藤さんは言う。「事故があるまでは気にしたことはありませんでした。名前があることも分かりませんでしたし、何が飛んでいるかも分からなかったです」

と。

そう語る佐藤さんは、宜野湾市出身で緑ヶ丘保育園のすぐ近くで生まれ育った。子供の頃から、普天間飛行場を見て育ったので、逆に「基地に対してまったく違和感がなかった」と言う。

毎日、住宅地上空を飛び交い、騒音に悩まされていながら、「なぜ違和感がなかったのか?」と尋ねると、彼女からは、「毎日毎日、危機感を持ってたら暮らせないですよね」と、もっともな答えが返ってくる。

生まれた時から、この環境だったからこそ、米軍機が飛ぶたびに「うるさい」とは思わなかったし、今でこそ、イライラする時もあるが、以前は、米軍機が飛んでいても「犬が吠えてる」という感じだったそうだ。「この異常な環境に暮らしているという自覚がなかったことが怖いくらいだ」と佐藤さんは言う。

米軍機の爆音が聞こえても、テレビの電波障害が起きても、事故が起きるまでは全くの無関心だった佐藤さん。彼女は、「基地があることで恩恵を受けている」と思っていたどころではない。それまでは「沖縄ヘイト」とされるデマまで信じ込んでいたのだ。

「辺野古で座り込みをしている人たちが日当をもらってるってデマがあったじゃないです

か。あれすらも、そうなのかなあって思ってたくらいです。同年代の友人も職場の同僚も言ってますし、私から見て、知識のある、常識のある人もそう言ってたりするので、そう信じていました」

「辺野古や高江の座り込みで二万円の日当が出る」というデマは一時期かなり広まっていた。実際には、日当や弁当の支給どころか、那覇の県庁前から辺野古まで、「島ぐるみ会議」が手配するバスに乗車するために一日あたり一〇〇〇円を払わなければならない。何度も辺野古や高江の現場を訪れた筆者としては、噴飯物でしかない「神話」なのだが。

「今は、自分の目で見て、自分で考えて判断したことしか信じられない」と言う佐藤さんにとって、この事故は、自分達子育て世代が気付くきっかけになった、と言う。彼女は、その自分と同世代の人たちが興味を持って気付くきっかけになればと思い、会長の宮城さんらの活動に加わった。

とはいえ、事故直後から、いきなり活動を始めたわけではない。営業職をやっている佐藤さんは、前面に出て新聞やテレビに取り上げられることに「ためらい」や「葛藤」があった。仕事上、不都合は生じないかと不安も感じていた。

「色んなことをやっても何も変わらないことに気付いたんです。それで吹っ切れたんです。

最初は、署名の集め方も陳情の仕方も何も分かりませんでした。それでも、署名を集めれば、どうにかなるって思ってたんです。だって、私たちは、基地は要らないとか、基地撤去とか、『政治的なこと』を訴えているわけではなくて、事故の原因究明とか再発防止、保育園上空の飛行禁止のみに絞って署名を集めたんですから」

事故から三日後、緊急の父母会を開いて全会一致で決まった嘆願書は次の三つが柱。（1）事故原因の究明および再発防止、（2）原因究明までの飛行禁止、（3）普天間基地に離発着する米軍ヘリの保育園上空の飛行禁止――だ。

署名は、活動を始めてわずか二カ月間で一二万筆も集まった。「保育園の上空を飛ばないで」という願いも、彼女にとっては、決められた飛行ルート、いわゆる「場周経路」から外れた緑ヶ丘保育園の上空を飛ばないでという「当たり前のこと」にすぎない。

しかし、事故から一年後の一二月七日。上京した外務省・防衛省などへの要請行動で直面したのは、役人の不作為だった。結局、政府は、終始、何事もなかったこととして片付けたかったようだ。「通り一編の回答」にも苛立ちを感じた。面会した役人の中には途中で居眠りしていた人もいたそうだ。

「怒りなのか、情熱なのか、子供を守りたい気持ちなのか。そういった普通のレベルの思いで動いてきました。でも、普通の人間なので、今でも人前に出る時には緊張もありますし、とてもつらいと感じることもあります。何も変わらないことへのストレスも感じます」

「チーム緑ヶ丘1207」の要請は、彼女らにとって「ギリギリのライン」だった。沖縄では、基地問題にかかわることはタブー視され、話を避けたがる。そこで、彼女らは、基地反対の人も、そうでない人も署名しやすいように、保育園上空の飛行禁止や再発防止に絞って集めた。それにもかかわらず、無視され続けていることに苛立ちが募る。

危険なものの正体

「チーム緑ヶ丘1207」は、辺野古についてどういう立場なのか。今回の県民投票でも、松川宜野湾市長はじめ県民投票反対派は、「普天間の危険性除去という原点が辺野古問題にすり替えられている」と、繰り返し主張していたからだ。佐藤さんたちが普天間の地元宜野湾市民だからこそ、辺野古の是非を尋ねてみたかった。

「『普天間にいらないものは、辺野古にもいらない』が基本です」ときっぱりと言う。

しかし、普天間が辺野古に移設されれば、米軍機が園上空を飛ぶこともなくなり、安全になるのではないかと尋ねると、さも当たり前といった感じでこう答えた。

「基地が危険なのではなくて、基地から飛び出してくるものが危険なんです。ここから辺野古までは直線距離でわずか三〇数キロメートルしか離れていません。そんなところに移したって何の問題解決にもなりません」

政府は、「世界一危険な飛行場」の普天間の危険性除去が原点と繰り返し言う。しかし、米軍機の騒音や事故の危険性は何も普天間周辺に限ったものではない。狭い沖縄の上空を米軍機は好き放題に飛び交うからだ。

「たまたま落ちたのが緑ヶ丘保育園であって、こうした事故はどこにでもあり得ます。幸い、私たちは無事でしたけど、宮森小学校の事故が頭をよぎります」

宮森小学校の事故とは、米統治下の一九五九年六月、嘉手納飛行場を離陸した米軍の戦闘機が石川市（当時）にあった小学校に墜落・炎上し、児童ら一八名の死者を出した大惨事のことだ。

宮森小の事故は決して遠い昔の出来事ではない。実際、緑ヶ丘保育園の部品落下事故の直後、一二月一三日には、同じく普天間飛行場に隣接する普天間第二小学校にＣＨ53Ｅへリから約九〇センチメートル四方のアルミ製窓枠が落下した。

また、翌年一月六日にはうるま市伊計島の砂浜に普天間所属機のＵＨ１輸送ヘリが不時着、同八日には読谷村の廃棄物処分場の敷地にＡＨ１攻撃ヘリが不時着、同二三日には那覇市の北西約六〇キロメートルにある渡名喜島にＡＨ１攻撃ヘリが緊急着陸するなど、立て続けに起きた。日本の民間機や航空自衛隊機が同様のことを一度でもしでかしたら、間違いなく、同型機の緊急総点検とその間の飛行停止になるはずだ。

「辺野古の滑走路だって普天間よりも短いって言われてますし、どうせ、普天間をまだ使うんだろうって思ってますよ」

辺野古の滑走路は、オーバーランを含めて約一八〇〇メートルしかなく、普天間の二七〇〇メートルよりもかなり短い。そのため、小川和久氏ら軍事専門家らは、「辺野古は、緊急時に大型輸送機アントノフなどを離着陸できない」と、有事の際の海兵隊の受け入れ機能に疑義を呈している。政府も、有事の際に大型輸送機を離発着できる代替飛行場が提供されなければ、たとえ辺野古新基地ができたとしても、普天間の返還には応じられないと明言する。

取材中、佐藤さんが、署名活動や陳情にくたびれて、無力感を感じていることに「普通のママさん達にそこまでさせるか、恥ずかしくないのか、と言いたいですよ」と怒りを露にする場面もあった。取材して気づいた。そうした「普通のママさん」が自分の目で見て判断した「当たり前のこと」の中に、沖縄が抱える苦悩はあるのだと。（中村）

第5章 相次ぐ事故
——島民の怒り——

伊計島自治会長・玉城正則さん

二〇一八年一月六日午後四時ころ、沖縄県うるま市の伊計島東海岸の砂浜に、普天間飛行場所属の多用途ヘリコプターUH1が不時着した。伊計島では、前年一月にも米軍ヘリが不時着したばかり。度重なる事故に島民から怒りの声があがった。

基地負担の軽減?

不時着した機体は一番近い住宅までわずか一三〇メートルに迫っていた。伊計島は、その前年一月にも普天間所属のAH1攻撃ヘリが農道に不時着しており、住宅地まで目と鼻の先での立て続けの事故に、住民からは「またか」と怒りの声があがった。

伊計自治会は相次ぐ事故を受けて初の抗議集会に踏み切った。注目したのは、他でもない地元の「自治会」が米軍に対する抗議集会を開いたことだった。

伊計島は、本島中部の東海岸から突き出た勝連半島の北東の島に位置し、全長約五キロメートルの海中道路を渡って平安座島、宮城島と通り抜け、金武湾を臨む。人口約二六〇人、サトウキビ畑が一面に広がるのどかな島だ。

二〇一八年一一月下旬、伊計公民館を訪ねて抗議集会を主催した伊計自治会長の玉城正則さんに話を聞いた。

公民館の応接室の椅子に座るなり、玉城さんは、なぜ自治会として抗議集会を開いたのかという理由を話しはじめた。

「島民が心底怒っているということを示したかったのです。だから、他の地域からの応援も一切受け付けず、活動家も参加させず、島民だけの集会にしました。また、そうすることで、沖縄の反基地運動は、中国からカネをもらってやっているといった『フェイクニュース』を流す人たちの口を封じたかったんです」

伊計島には、米軍基地に反対の住民ばかりでなく、賛成・容認している島民もいる。また、現在、リゾートホテルのある敷地は以前は米軍の沿岸警備隊が駐留していたことがあり、クリスマスには果物やチョコレートを住民にプレゼントしてくれるなど、米軍と共生している歴史もあった。

しかし、島民の間では、自分たちの生活の場で米軍ヘリが度々事故を起こし、今度はいつ大事故につながるかもしれないという不安がつきまとっていた。それが島民の約半数の一四〇人が参加した抗議集会につながったのだ。

玉城さんは、取材している最中、公民館の窓越しに見える米軍ヘリを指差して「ほら、

沖縄の米軍基地の現状

あんな風にホバリングしているのが見えるでしょう」と言ってこう語る。

「昨年（二〇一七年）五月のことですが、米軍ヘリがホバリングしながら葉タバコ農家に向かって降下するのを目撃しました。いつも見なれている動きと明らかに違っていたのに違和感を覚えました。住民を標的に見立てているのではないでしょうか」

伊計島を訪ねて実感したのは、米軍ヘリがこの島の上空を頻繁に行き来していることだ。理由は、普天間所属ヘリの飛行ルート、しかも二つのルートが島の上空を通っているからだ。一つは、普天間飛行場から米軍北部訓練場に行くルート。もう一つは、伊計島近くの浮原島という米軍の射爆場へ行くルートだ。島にはわずか数時間しか滞在しなかったが、その間、米軍ヘリが何機も上空を飛び交うのを目にした。

政府の言う危険性除去のため、普天間を辺野古に移設した場合、伊計島は普天間所属機の飛行ルートから外れて、基地負担は軽減するのだろうか。

すると、玉城さんは即答した。

「同じでしょ。今でもうるさいのに。辺野古は目と鼻の先ですよ。伊計島は辺野古のV字滑走路の延長線上にあるから、普天間が辺野古に移ったところで何も変わりませんね」

伊計島近くにある平安座島と宮城島との間は海面を埋め立てて作られた石油備蓄基地があり、周辺ではモズク養殖が盛んだ。米軍機の事故は一歩間違えれば住民を巻き込んだ大惨事になりかねない。県内各地で米軍機の事故が相次ぐ中、小さな島の抗議の意思表示を重く受け止める必要があるのではないだろうか。

「落米のおそれあり」

この取材の直後、うるま市の関係者に話を聞く機会があった。その関係者によると、こうした伊計自治会の抗議集会が「ある出来事」の後に開催されていたことに注目すべきだということだった。

伊計島など勝連半島の四つの島々は、現代美術を展示する「イチハナリアートプロジェクト」という芸術祭を六年前から開催している。「イチハナリ」とは、勝連半島から海中道路でつながる島々の一番奥に位置し、一番離れて遠くにあるという意味だそうだ。

「ある出来事」とは、二〇一七年一一月の芸術祭「イチハナリアートプロジェクト」で起きた事件のことだ。問題となったのは、伊計島の共同売店のシャッターに描かれた風刺画「落米のおそれあり」。作品は、道路標識の「落石注意」にかけて注意を促す黄色で背景を彩り、墜落したヘリやパラシュート降下訓練の米兵などをペンキで描いている。

この米軍機の墜落事故をモチーフにした現代アートが地元自治会の反対にあってベニヤ板で覆いをかけられた。理由は、島民の中には基地問題に色々な意見があり、「政治的な主張」は、芸術祭の趣旨にそぐわないからというものだった。前述のうるま市の関係者によると、自治会が、「伊計が危ないところだと思われる」、「基地反対闘争をやっていると思われる」という恐れを抱いたからだったという。

自治会は、一昨年一月の米軍ヘリの不時着の時点では、基地について島民の中に様々な意見があったことから、まだ自治会の総意として抗議集会を開催することはなかった。現代アート「落米のおそれあり」も、政治と芸術、表現の自由など様々な問題を残しながら、公開が見合わされた。

　そうした経緯がある伊計島自治会が、抗議集会を開催したことには注目すべきだろう。二年連続の不時着を受けて、このまま抗議の声をあげなければ、次は大事故になるかもしれない。抗議集会は、決して「政治的な主張」ではなく、島民の命と生活にかかわる問題だとの共通認識から開催に至ったのだ。

　玉城さんら自治会は、二回目の事故のときは、その日のうちに抗議集会を開くことを決めた。「一回目のときは、事故自体が初めてだったので、どういう抗議方法を取ろうかと模索段階でした。やっぱり二回も続くとね。自治会役員の中には海人（うみんちゅう）（漁師のこと）も何人かいて、不時着した浜でも干潮時に魚をモリでついたりするから」

　ちなみに、玉城さんは、一回目の不時着のときは第一発見者だったらしい。なぜすぐにヘリの不時着に気付けたのか。

「ヘリの音がいつもと違うから、これはちょっと普通じゃないなと思いました。いつも聞きなれている音と違って、壊れそうな音だったから」

　驚いたのは、不時着現場に駆けつけた玉城さんが取った行動だ。

「浜辺に着いたのは午後七時二〇分くらいでした。到着してすぐにマスコミに連絡して、それから警察に電話しました。警察に先に連絡してしまうと、規制線を張られてしまうでしょ。だから、担当の記者に『すぐに来てちょうだい』って連絡して、証拠写真をまず撮ってもらって配信した後に、警察に電話したんです。これも知恵ですよ」

玉城さんは、二〇〇四年八月に普天間飛行場に隣接する沖縄国際大学に米軍ヘリが墜落した事故が頭をよぎったと言う。事故直後、米側が現場を封鎖し、日本側は警察、消防、行政、大学関係者など一切立ち入れなかった。主権の侵害、大学の自治権の侵害だと強い反発を招いたのは言うまでもない。

基地を抱える現実とは、こういうことなのだ。政府が言う通り、辺野古に移設することが果たして沖縄の負担軽減に資するのか。土砂投入という新たな局面を迎えた今、基地とは無縁の生活を送るわれわれ本土住民は、基地と隣り合わせの生活をする沖縄の人たちの声に真摯に向き合うことが求められている。（中村）

第6章 オール沖縄の誤算
——名護市長選挙の敗北——

名護市議・比嘉勝彦さん

二〇一八年二月四日、名護市長選でオール沖縄はまさかの惨敗を喫した。自民・公明が推薦する新人の渡具知武豊氏が、オール沖縄が推す現職の稲嶺進氏を約三五〇〇票の大差で破り当選した。辺野古新基地建設を推進する政府与党と、それに反対するオール沖縄との事実上の代理戦とも言われた選挙だった。

政府与党が推す渡具知氏の勝利は、辺野古容認という地元民意の表れなのか。名護市議（保守中道会派「にぬふぁぶし名護」）で、稲嶺選対の事務局次長を務めた比嘉さんは、予想外の敗北に唇をかみ締めた。

「NGワード辺野古移設」、官邸のテコ入れ

比嘉さんは選挙戦を振り返って開口一番、「私たちは勝つ見込みで選挙戦を闘ってきました。しかし相手はまさかこんな手まで使ってくるのかということがたくさんありました」と、悔しさを隠さない。

比嘉さんの言う「こんな手」の一つは、渡具知陣営による辺野古の争点隠しだ。選挙中、政府与党の国会議員らが渡具知氏の応援のために多数、名護市入りしたが、自民党本部が

彼ら応援人士に配付した街頭宣伝マニュアルにはこんな指示が書かれてあった。

「NGワード辺野古移設」、「辺野古の『へ』の字も言わない」

このマニュアルには、「『オール沖縄』側は辺野古移設を争点に掲げているが、同じ土俵に決して乗らない！」と注意を呼び掛け、「普天間基地所属の米軍機の事故・トラブルが続く中でも、『だから一刻も早い辺野古移設』などとは言うべきではない」などと念押しを徹底していた。あからさまな争点隠しだった。

渡具知氏は、名護市議時代には辺野古移設を推進する決議を全国の地方議会に要請する文書を送るなど、明らかに辺野古容認の立場だった。しかし、今回は、「現在、国と県とが係争中であり、この行方を注視する」などと、辺野古を完全に封印した。勝つためには手段を選ばなかったわけだが、推薦をもらった公明党への配慮も見え隠れする。

比嘉さんは渡具知陣営と公明党との関係性について次のように指摘する。

「辺野古移設を事実上、容認している公明党本部と違って、公明党沖縄県本部は、辺野古反対なんです。一方の自民党沖縄県連は辺野古容認なんですが、海兵隊の県外・国外移設に関しては、公明県本となぜか主張が一致しています。そこで、自民側は、辺野古にはあえて触れないで、海兵隊の県外・国外移設という点で公明県本と妥協したんですよ」

公明党は、名護市内で約二〇〇〇票の基礎票を持っていると言われており、二万票前後を争う名護市長選ではキャスティングボートを握っている。公明党は、二〇一四年の名護市長選には自主投票で臨んだが、今回は、渡具知氏と政策協定を結び、告示前には創価学会の原田稔会長が沖縄入りするなど、全面的に渡具知氏を支援した。

「政策協定を結んで以降の公明党の動きはすごかったですよ。『何が何でも渡具知氏を勝たせる』と言って。創価学会員へも相当な圧力がかかったと言っていました。そんな中、泣きながら『稲嶺さんに入れました』と私のところに来た創価学会員もいました」

比嘉さんによると、公明党は、この選挙で約二〇台の街宣車を投入していたという。一方で、稲嶺陣営は一〇台に満たない。公明党がいかにこの選挙に注力したかがうかがえる。

比嘉さんの言う相手陣営による「こんな手」には官邸のテコ入れもあったようだ。

「自民党の小泉進次郎氏が二度も名護市に来たでしょ。彼のやり方をよく見ていたらびっくりしましたよ」

小泉氏は、わずか一週間の選挙期間中に、一月三一日と二月三日の二度、名護市入りしている。しかも、二度目は、投票日前日だった。比嘉さんはこう続ける。

「小泉氏は人気者だから、街宣場所にたくさん人が集まってくるんです。彼の街宣は特に高校生とかを対象にしていたんです。移動手段を持たない高校生に対し、小泉サイドは、街宣場所の近くにレンタカーをチャーターし待機させておいて、街宣が終わったら高校生をそのレンタカーに乗せて、投票所に運ぶんですよ。そして、小泉氏の演説の熱が冷めないうちに、期日前投票をさせるんです」

これは公職選挙法に抵触しないのだろうか。

「残念ながら違法ではないんです。彼らの主張としては、『移動手段がないから連れていってあげただけだ。投票は本人の意志で、我々は何もしていない』の一点張りです」

比嘉さんによれば、菅官房長官は、渡具知選対の者たちに、「君たちは黙っておきなさい。君たちを勝たせるために我々がやるから」と指示したという。レンタカー代や運転手代など、渡具知陣営には多額の資金が投入されたらしい。

辺野古の争点隠し、知名度のある国会議員を利用した応援演説と期日前投票への誘導、そして莫大な資金の投入。官邸主導による徹底したてこ入れは相当なものだったようだ。

比嘉さんは「この小さな名護市に官邸のあれだけの力を集中されたら敵うわけがありません」と悔しがる。

また、比嘉さんは、今回の選挙の特徴についてこうも語る。

「ＳＮＳによるデマの拡散がすごかったですね。『稲嶺市政になって、基地問題ばかりに取り組んでいるから、名護市は活況な県経済から取り残されている』といった類いの誹謗中傷です。若者はそれを信じてしまうんです」

選挙後の比嘉さんらによる分析では、今回の票差約三五〇〇票のうち約六割が四十歳以下だったそうだ。名護市民の六割から七割の人が辺野古反対だと言われているが、それは四〇歳以上に集中していて、四〇歳以下の層は、逆に米軍基地に対する関心は一般的に低い。本土復帰以降に沖縄で生まれ育った県民にとって、米軍基地は日々の生活の中で当たり前の光景だからだ。

また、ＳＮＳの発達とともに生きてきた若者たちは、次から次に溢れるように送られてくるＳＮＳの情報の真偽を判断できないまま、その表面だけを切り取ることに慣れてしまい、拡散することにもあまり抵抗がない。そういった若者の心理を渡具知陣営がうまく突いたのだろう。

名護市民の「辺野古疲れ」、沖縄に対する無自覚

今回の選挙でオール沖縄が受けた打撃は深刻だ。名護市長選は、オール沖縄にとって、同年秋の知事選に匹敵するほどの重要な選挙、いわば知事選の前哨戦だったからだ。

オール沖縄は、辺野古の埋立予定区域を流れる美謝川の水路切り替えや名護漁港の管権など、工事を進める上で重要な許認可権を名護市長が持っていることを戦略の柱としてきた。「地元の地元」での敗北で、オール沖縄は、戦略の転換を迫られることになった。

なぜ名護市民に、オール沖縄の声が届かなかったのか。そこには、名護市民の「辺野古疲れ」があった。「辺野古疲れ」とは、約二〇年にもわたって辺野古の賛否を問われ続け、その度に反対の声をあげるものの、埋立工事が着々と進んでいる状況に、市民が疲れきっている状態を指す。「辺野古疲れ」の名護市民に対し、稲嶺陣営が辺野古に固執しすぎたということはないのだろうか。

「それは否めません。ただ、稲嶺さんは、過去二度の市長選挙でも同じように辺野古反対を訴えてきましたし、他にも経済振興策などについても訴えてきました。今回は、渡具知

陣営が辺野古に関して徹底的に口をつぐんだため、相対的に私たちが辺野古を強調しすぎたように映ってしまったのでしょう」

「辺野古疲れ」の名護市民と、官邸主導による辺野古の争点隠しが絶妙にマッチし、今回の選挙では渡具知氏に有利に働いたのだ。

「年末の段階で『このままでは負ける』と思った翁長知事は、急遽、陣営関係者を集めて緊急選対会議を開くように指示しました。その時の翁長氏の言葉が忘れられません。翁長氏は、『俺の親父は一票差で負けた。一票の重みをよく知っている。相手は国だということを忘れるな』とかなり厳しい口調で檄を飛ばしていましたが、今ではその意味がよく分かります」

選挙は結果が全てだ。しかし、今回の名護市長選は、辺野古の是非をワンイシューで問うものではなく、今回の選挙結果が「名護市民の民意は辺野古容認」ということには必ずしもつながらない。

取材時（二〇一九年一月）、沖縄は「辺野古米軍基地建設のための埋立ての賛否を問う県民投票」の全県実施をめぐって混乱していた。そのような状況で、比嘉さんは、県民投票の全県実施に向けて着々と票の掘り起こしを進めていた。その結果、県民投票は全県で実施され、辺野古反対票は、県全体で約七二パーセント、名護市で約七三パーセントにのぼった。ワンイシューで問えば、名護市民の民意は辺野古反対なのだ。

比嘉さんは、最後に、自身の過去についてこう語ってくれた。

「今から約五五年くらい前になりますが、私は、六才くらいまでは裸足で生活していました。それくらい沖縄は貧しかったんです。本土に行くにしてもパスポートがないと行けず、理不尽な思いをしていました。戦後、本土はあれだけ発展したのに、沖縄はそれを享受していないですし。進学で上京した時には、東十条や西日暮里で、『うちなんちゅうお断り』って書いてあるお店があって、悔しい思いもしました。昔、琉球処分っていうのがありましたね、辺野古の問題は、『沖縄処分』ですよ」

オール沖縄を支持する県民には、本土に対する不平等感を抱えている人が多い。その背景には、沖縄県民の中に安倍政権に対する根強い反発があるからだろう。名護市長選の直前には、松本文明内閣府副大臣（自民）が、衆院本会議で普天間飛行場所属機の不時着をめぐる質問中に「それで何人死んだんだ」とやじを飛ばした。

そうした不適切発言に端的に現れているように、本土の政治家と国民の沖縄理解が極めて不十分であることが、沖縄県民を苛立たせているのである。政権にとって都合のよい選挙結果だけを「民意」と強弁するのであれば、本土と沖縄の溝はますます深まるばかりだ。

（木村）

ドキュメント「オール沖縄」③

呉屋氏辞任の衝撃

名護市長選から五日後、「金秀グループ」会長の呉屋守將氏が「オール沖縄会議」の共同代表を辞任する意向を示した。呉屋氏は、大手ホテル業「かりゆしグループ」の平良朝敬氏とともに翁長知事を支えてきた沖縄経済界の重鎮で、保革共闘のオール沖縄を象徴する人物の一人だった。

突然の「辞任劇」の真相

二〇一四年の知事選は、長年保守と革新が激しく争う構図だった沖縄の政治構造に地殻変動をもたらした。沖縄保守のサラブレッドだった翁長雄志知事が、従来の革新共闘に一部の保守中道層や経済界を引き連れて参画し、保革をこえた超党派の枠組み「オール沖縄」という新たな政治潮流を生み出した。その原動力となった一人とも言える呉屋氏が辞任するというのだから、オール沖縄に激震が走ったのは言うまでもない。

呉屋氏は、辞任について、表向きは名護市長選の敗北と、自身が前向きな県民投票を「オール沖縄会議」として取り組まないことなどを理由に挙げた。しかし、関係者に取材したところ、どうやら真相は別のところにあるようだ。

「呉屋氏は、共同代表の立場にあったとはいえ、必ずしも自身の意向が組織に反映されないことに鬱積した思いを抱えていました。『オール沖縄会議』は、革新系労組出身者が担う事務局が主導し、呉屋さんは、担ぎ上げられているという側面があったのは否めません。突然の辞任劇は、オール沖縄内部の保革のバランスが崩れ始めていることの現れとも言えます」（「オール沖縄会議」幹部）

一方、辞任の理由とされた県民投票は、知事の辺野古埋立承認撤回を見据え、県執行部や与党県議団などで何度か議論の俎上に上った経緯がある。県執行部は、知事の撤回の根拠について、埋立承認の際の留意事項違反を理由にした撤回のほか、埋立承認以後に生じた民意の変化、つまり辺野古反対を根拠とした公益（県民益）撤回の二正面で検討を重ねてきた。県民投票は、後者の公益撤回に向け、辺野古反対の民意を明確にするためのものだ。

しかし、呉屋氏は、知事の撤回を後押しする目的だけで県民投票に積極的というわけではないようだ。前出の「オール沖縄会議」幹部は次の通り呉屋氏の真情を推し量る。

「呉屋氏の辞任は寝耳に水の出来事で、本当に驚きました。しかし、呉屋さんは、決してオール沖縄そのものから離れるわけではありません。彼は、県民投票に向けた市民運動を通して、革新に偏りがちなオール沖縄に保守中道層を呼び戻すことを意図している節があります」

オール沖縄を支える保守の衰微は今に始まったことではない。二年前の沖縄県議会選挙では、翁長知事を支持する山城誠司、仲松寛の保守系候補が二人とも落選した。

両名は、四年前、辺野古反対の立場を批判されて自民党を除名された保守系会派「新風会」所属の那覇市議だった。この時の県議選では、知事を支持する与党会派が議席を伸ばして過半数を獲得した。しかし、議会の構成を見る限り、知事が革新・リベラル勢力に支えられる状況に変化はなかった。

その後も、辺野古が直接争点となった国政選挙では、伊波洋一氏が現職の沖縄担当相だった島尻安伊子氏に一〇万票の大差で圧勝するなど、依然としてオール沖縄の勢いは続く。

しかし、ことオール沖縄の保守となると、低迷が続いた。昨年の那覇市議選では、四年前に最大会派だった新風会がわずか一議席にとどまり、衆院選では、沖縄四区で仲里利信氏が落選。同氏は、自民党県連会長まで務めた経歴から、文字どおり「オール沖縄の象徴」とされていた。

新風会の凋落や仲里氏の落選には様々な要因があるとはいえ、オール沖縄の保守層が衰微しているのは否めない。自民県連関係者からは、「オール沖縄はすでに終わっている。今や『ハーフ沖縄』だ」といった皮肉も聞こえてくる始末だ。

こうしたオール沖縄の保守の退潮をみるとき、オール沖縄が抱える最大の課題はオール沖縄を支える保守層・無党派層の復活と言えそうだ。それは単に翁長知事の再選に向けた票固めといった意味ではない。沖縄が抱える基地問題は、本来、保革のイデオロギー的立場とは関係ない沖縄土着のウチナーンチュ・ナショナリズムの発露として解決していく課題と言えるからだ。

翁長知事が言う通り、沖縄県民は自ら進んで基地のための土地を提供したことは、ただの一度もない。沖縄県民は、戦後、先祖伝来の土地を銃剣とブルドーザーで一方的に奪われ、今も占領の残滓としての米軍基地に、日々の生活に対する不安を余儀なくされている。

政府は、本土で反基地運動が盛り上がると、沖縄という本土の目の届かない所に米軍基地を押し込め、果ては、「辺野古が唯一」と言い、抑止力として沖縄の米軍基地が安全保障上必要だと開き直る。

オール沖縄は、一切の軍事基地に反対と主張しているわけではない。普天間を辺野古に移設しなくても、沖縄の米軍基地はそれでゼロになるわけではないし、また、沖縄は現に、最大の抑止力である嘉手納飛行場を負担し、日本の安全保障に応分以上の責任を果たしている。さらに、沖縄の海兵隊が尖閣有事の際に出動するわけでもない。

それ故、こうした事実を一切無視して「辺野古唯一」を沖縄に迫る安倍政権の強硬姿勢に理不尽さを感じる沖縄人は少なくないだろう。沖縄の正当な言い分は、沖縄の保守や無党派層が声を挙げてこそ、意味がある。オール沖縄を支える分厚い保守層の復活は喫緊の課題なのだ。

保守離れの背景

とはいえ、なぜオール沖縄の保守支持層の退潮が続くのか。その理由について、ある与党県議は次のように分析する。

「やはり共産党が前面に出ることで失う票があるということだ。共産党が悪いというのではない。共産党は良くも悪くも機動力がある。その分だけ、オール沖縄イコール共産党、というイメージがついてしまっている」

共産党は、名護市長選に本土から大量の党員を動員した。また各地域に網の目のように「支部」という組織を張り巡らしている点で他の革新政党とも一線を画す。候補者が街頭宣伝に行くところには必ずと言っていいほど、地域の共産党員ありというわけだ。これは、選対からすると、共産党の動員力に期待できるメリットもある。

しかし、オール沖縄を支持する保守系の地方議員からは、次のような共産党に否定的な声も聞こえる。

「そこは『空気が読めない』政党と言われる共産党だ。候補者が地域に根差した政策を訴えようとするとき、地元の共産党市議が安倍政権を批判するなど、両者の訴えが噛み合わなかったことが度々あった。また、有権者からは、なにかと『上から目線』と煙たがられた」

このオール沖縄を支持する保守系地方議員は、「『オール沖縄』イコール共産党というイメージが有権者に浸透してしまった結果、私たちは、『オール沖縄』と名乗らなくなってしまった」とまで言う。

これはなにも共産党だけの問題ではない。もともと、オール沖縄は、辺野古反対はじめ沖縄「建白書」を実現するための運動体としての側面が強い。彼らは、「腹六分」の最大公約数でまとまり、緩やかなネットワークを築いてきた。

また、名護市長選挙では、稲嶺陣営の選対幹部や地元の名護市議は、稲嶺氏の実績と知名度などから、よもや無名の新人候補に負けるわけがないと「慢心」していた。そのことが、強固に統一された司令塔不在のまま、各政党が独自に動く結果を招いてしまった。そうした陣営としてのまとまりのなさが、いやでも共産党の存在を際立たせる結果になったのだ。

「公明県本は、辺野古反対、沖縄からの海兵隊移転を堅持している。つまり、こと辺野古に関する限り、公明支持層は、オール沖縄とは親和性が高い。しかし、オール沖縄イコール共産党というイメージが流布された結果、オール沖縄から、共産党嫌いの公明票離れ、保守・無党派離れが起きてしまった」（県紙記者）

こうした波乱含みの中、オール沖縄は知事選に向けた動きを始めた。県議会与党会派は、知事選に向けた「調整会議」を近く発足させる。翁長知事は、浦崎唯昭副知事の突然の辞任申し出を受け、後任として謝花喜一郎（じゃはな）知事公室長を起用した。

謝花氏は、安慶田副知事辞任後、辺野古問題で知事執行部をまとめてきた中心人物だ。これで、副知事は、経済の富川盛武氏、辺野古の謝花氏という陣立てとなった。二期目を見据え、辺野古と経済のバランスをとる県政運営を意図してのものだろう。

オール沖縄は、名護、石垣と続けて市長選で苦杯をなめた。四月の沖縄市長選も現職有利とされる。オール沖縄に逆風が吹き荒れる中、翁長氏が保守政治家としてオール沖縄を支える保守層を再結集できるのか、あるいは、オール沖縄の御輿に担がれるだけの存在にとどまるのか、知事選に向けた動きから目が離せない。

ドキュメント「オール沖縄」④

足並みの乱れ

土砂投入のXデーが迫る中、翁長知事はいよいよ工事を止める最大の切り札・埋立承認撤回に踏み切る構えだ。撤回が知事の求心力回復に繋がるのか、知事選に向けて、辺野古反対で民意をまとめられるのか。県民投票や知事の健康不安で揺らいだオール沖縄の行方を追った。

「足並みの乱れ」

「オール沖縄会議の名前を変えるべきだ。経済界が抜けたオール沖縄会議は、もはや保革共闘の『オール』沖縄ではなくなった。共産党のオール沖縄になってしまった」

土砂投入が目前に迫る二〇一八年四月一〇日、「オール沖縄会議」の幹事会で不満を爆発させたのは、県政与党会派「おきなわ」の赤嶺昇県議だ。

ある与党県議は、「四月は、翁長知事がすい臓に腫瘍が見つかって緊急入院するなど、ただでさえオール沖縄の結束が求められていた時期だった」と振り返る。

冒頭の発言は、『沖縄タイムス』紙上でも報道されたが、『琉球新報』も、五月三日付で、赤嶺県議が「社・社・結と共産は無責任だ。県民投票から逃げ回っている」と身内を名指しで批判した記事を掲載した。その当時、沖縄地元紙は、県民投票の是非を巡って揺れ動く県政与党の「足並みの乱れ」をたびたび報じた。

与党会派は、当初、県民投票で辺野古反対の明確な民意を示し、知事の撤回を「後押し」する意義を認めていた。しかし、今年四月時点では、本格的な土砂の投入や知事選までの日程を考えると、もはや、「時間切れ」という意見があった。

また、県民投票の有効性を認めながら、逆に知事の撤回のタイミングを縛ることへの懸念の声もあった。さらに、県民投票条例の制定を知事発議でいくのか、それとも住民請求でやるのかなど、県民投票の実現には多くのハードルがあった。

冒頭の発言は、そうした錯綜する議論や他会派の煮えきらない態度への怒りの声だった。

その後、県民投票は、オール沖縄、特に与党会派を混乱の渦に巻き込んでいく。

ある与党のベテラン議員は、当時、次のように懸念していた。

「もはや、県民投票は、辺野古阻止の手法の問題ではなく、オール沖縄の『分断材料』に使われている」

「分断材料」とは、穏やかならぬ発言だが、確かにこうした疑惑の声が上がるのも無理はなかった。

背景はこうだ。

県民投票がはじめて具体的に議論された二〇一七年四月、翁長知事は、「住民本意の県民投票を歓迎」と表明した。その後、翁長知事は繰り返し、「住民本意」、「歓迎」という言葉を使う。裏を返せば、翁長知事は、知事発議による県民投票条例を一貫して考えていないということだ。

にもかかわらず、おきなわ会派は、今年四月時点でも知事発議の県民投票を主張して譲らない。その一方、名護市長選挙後、県民投票を理由に相次いで「オール沖縄会議」を脱退した「かりゆし」、「金秀」の企業グループと歩調を合わせる。両者は、共に県民投票の実現を目指すことでは一致しているものの、「かりゆし」は知事発議派、金秀は署名派だ。

こうした中、「かりゆし」と近いおきなわ会派の動きに疑心が渦巻く。

「経済界を抱き込んで新たな動きを模索している。今のおきなわ会派は、オール沖縄から抜け出るくらい平気で言い出しかねない」（与党県議）

そうした疑心暗鬼に拍車をかけたのが、五月一九、二〇日に来県した菅官房長官との面会だ。菅官房長官の来県自体は、表向きは米軍基地の一部返還に伴う式典出席のためだったが、真の目的は知事選の候補者調整にあったとされる。

問題は、その際、菅官房長官とおきなわ会派の県議が那覇市内の「沖縄かりゆしアーバンリゾート・ナハ」で面会したことだった。このホテルは、名前から分かる通り、翁長知事を支持する平良朝敬氏がオーナーを務める「かりゆしグループ」が経営するホテルだ。

「かりゆしの平良朝敬さんと金秀の呉屋守將さんは、翁長知事を支持する沖縄経済界の二大巨頭です。しかし、清廉潔白の呉屋さんと違い、平良さんは毀誉褒貶があります」（県紙記者）

思えば前回の知事選についても、沖縄国際大学教授の前泊博盛さんが、辺野古容認の政府・自民と反対のオール沖縄という構図のほかに、もうひとつの隠れた構図を指摘していた。

「裏側には経済界の権力闘争もありました。沖縄経済界の新興企業の建設・小売の金秀グループ、ホテルのかりゆしグループが翁長氏支持に回った背景には、戦後沖縄経済を牽引してきた国場グループなどの勢力に対する反旗がありました」
その指摘を裏付けるかのように、平良氏は、知事選後、沖縄観光コンベンションビューロー会長に就任したが、そのあからさまな「論功行賞人事」に対しては、当時、地元紙などから批判の声があった。
「この人事は、仲井眞県政で副知事を務めた上原良幸会長の首を切ってのものだったので、さすがに周囲は眉をひそめました。大鉈を振るったのは、平良さんに近い安慶田光男副知事（当時）でした」（与党県議）
こうした経緯があるため、平良氏や彼と近いおきなわ会派の意図が奈辺にあるのか、県民投票や知事の健康不安で揺れ動くオール沖縄に疑心暗鬼がにわかに生じたのも頷ける。

顔の見える関係

県議会六月定例会最終日の七月六日。この日午後三時から、県政与党会派は県議会棟五階の「社民・社大・結」会派室で全体会議を開催した。議題の中心は翁長知事への出馬要請だ。

その会議の席上、ある与党幹部は次のように発言した。

「翁長知事ほどのベテラン政治家が今の今まで『出ない』とは言ってない。そのこと自体が知事の出馬メッセージと捉えていいのではないか」

確かに、仮に知事が健康問題を理由に出馬を断念する場合、支持浸透を図るためには、後継候補の指名は早ければ早いに越したことはない。

「今、官邸筋がもっとも知りたいのは、翁長知事の出馬の有無です。翁長知事は出馬するのか。不出馬の場合、後継候補は誰か。任期前の辞任はあるのかなどです」（全国紙記者）

そう考えると、今に至っても出馬を明言しない翁長知事の姿勢こそ、敵（官邸）に手の内を明かさない「高度な政治判断」とも言える。

全体会議の翌日、沖縄地元紙は与党会派が「翁長知事擁立を再確認」したことを報じた。

「ひと安心だ。小さい記事でオッケーだ。要は、県民の不安を払拭し、どういったメッセージを発信するかだ」（与党県議）

この前日、沖縄地元紙は、県政奪還を目指す自民が宜野湾市長の佐喜眞淳氏を知事選に担ぎ出すことで最終調整に入ったと報じた。対抗馬が決まる中、肝心の翁長知事は出馬するのか、追い込まれるオール沖縄側もメッセージを発信する必要に迫られたのだ。

さて、この与党県議、この日の会議を終えて次のように語ってくれた。

「全体会議後、懇親会を催した。お酒が入れば、お互いに腹を割った話ができるだろうと思ったからだ」

この「企み」はどうやら成功したようだ。四月以降、「足並みの乱れ」が目立ったオール沖縄だが、腹臓なく話せたことにひと安心した様子でこう語る。

「平良氏は、翁長知事が六月二三日の沖縄全戦没者追悼式に病気療養中の姿をさらけ出してまで出席したことに『知事の本気度』を感じたようだ」

そして、次のように続ける。

「オール沖縄にはこの四年間の積み重ねがある。四年前の知事選は、まさに『はじめまして』という関係だった。しかし、私たちは、この四年間で互いに『顔の見える関係』を築いてきた」

おきなわ会派は、五月下旬、翁長知事を支持する保守中道層を再結集する目的で「翁長雄志知事を支える政治・経済懇話会」を発足させた。設立総会には、おきなわ会派の県議はじめ、知事を支持する保守中道の市町村議員や一〇七もの企業が集まった。代表は赤嶺昇県議だ。

オール沖縄からの「保守離れ」というフレーズが、昨年七月の那覇市議選挙以来、県内政局を語るキーワードの一つになってきた。その那覇市議選では、辺野古反対を貫き自民党を除名された「新風会」が一〇数議席からわずか一議席に。昨年一〇月の衆院選では、沖縄四区でオール沖縄の象徴とも言われた元自民県連会長の仲里利信氏が落選。それぞれ個別の要因はあるにせよ、堅調な革新陣営に対し、保守層が凋落してきた事実は否めない。

翁長知事の健康不安に伴い、一時は、「解体状態」（「オール沖縄会議」幹部）とまで言われたオール沖縄だが、果たして反転攻勢に転じられるのか。「懇話会」は、保守中道層を再結集できるのか。土砂投入Xデーの八月一七日が目前に迫る中、翁長知事は、いよいよ工事を止めるための最大の切り札「撤回」を決断した。土砂投入、撤回、知事選、県民投票。これらが連動しつつ、県内政局は最終局面に向かって突き進む。

ドキュメント「オール沖縄」⑤

翁長氏の急逝

辺野古阻止を掲げ、国と激しく対立してきた翁長知事が、二〇一八年八月八日、すい臓がんのため死去した。わずか二週間ほど前に、埋立承認の撤回に踏み切る考えを表明した矢先の急逝だった。オール沖縄は、志半ばで倒れた翁長氏の遺志を受け継ぐべく、候補者の選考を加速させるが……。

「魂の飢餓感」

「『魂の飢餓感』という言葉を聞いたとき、翁長知事を心底支えようと思った」

辺野古で抗議行動を牽引する山城博治さん（沖縄平和運動センター議長）はそう胸中を吐露した。二〇一五年九月のことだ。山城さんは、その年四月下旬に悪性リンパ腫を患い、現場を離れることを余儀なくされていた。前述の発言はそれから約半年間の病気療養中に語った言葉だ。

政府と県は、その年八月、辺野古の工事を停止した上で一カ月間の集中協議を行った。冒頭の「魂の飢餓感」とは、翁長知事がその集中協議の中で菅官房長官に「沖縄県民には『魂の飢餓感』がある。大切な人の命と生活が奪われた上、差別によって、沖縄県民の誇りと尊厳を傷つけられた」と語った発言を指す。

翁長知事は、二〇一四年一一月の知事選で、当時現職の仲井眞弘多氏を相手に約一〇万票の大差をつけて当選した。現職の知事候補相手に、一〇万票もの大差がついた例は県政史上はじめてのことだった。続く衆院総選挙でも、オール沖縄は、沖縄四選挙区すべてで候補者を当選させるなど、その勢いは続いた。

翁長県政は、こうした選挙の強さに加え、県民の琴線にふれる数々の翁長氏の言葉によって支えられた。

「官房長官が、『粛々』という上から目線の言葉を発するたびに、県民の心は離れていく。まるでキャラウェイ高等弁務官のようだ」。キャラウェイ高等弁務官は、一九六一年から六四年に沖縄に在任し、独裁的な政治を行った人物だ。

知事就任後、何度となく上京しても、首相・官房長官との会談を拒否され続けた翁長知事。会談が実現したのは就任四カ月後のことだった。積年の沖縄の苛立ちを日本政府に言ってのけた、「歴史的な会談」(『琉球新報』社説)だった。

しかし、三年八カ月の翁長県政は、決して順風満帆だったわけではない。

就任約二カ月後、翁長県政はさっそく試練に立たされる。翁長知事は、仲井眞県政の埋立承認の法的瑕疵を検証する第三者検証委員会を立ち上げたが、地元紙は、検証委員会の報告まで約半年もの時間を費やすことに噛みついた。『琉球新報』は、舌鋒鋭く「知事に検証を悠長に待つ余裕はないはずだ」と批判した。

山城さんは、当時を振り返り次のように苦しい胸の内を明かす。

「知事選後の数カ月間が一番きつかった。現場からは、埋立承認の取消や撤回を望む声が強くあった。知事を信じて頑張りましょうと呼び掛けてはいたが、これ以上長引くと、現場がもたないと思っていた」

当時、翁長知事は、与党県議団に「私は、取消、撤回をしようと思えば、いつでもできる。しかし、大事なのは、続く国との裁判で勝つことだ。勝たなければ意味がない」と語っていた。知事の決意を聞いたある与党幹部は、「知事の決意に揺らぎはない。全幅の信頼で県政を支えたいと思った」と当時を振り返る。

こうした試練はその後も続いた。オール沖縄は、二〇一六年七月の参院選で現職の国務大臣相手に一〇万票以上の大差で勝利した。しかし、その翌日、政府は高江へリパッドの移設工事を始めた。ここでも「腹六分の共闘」のオール沖縄に亀裂が走った。沖縄の基地負担軽減のため、SACO合意を認める翁長知事。その一方、負担軽減を口実にした県内移設を新基地建設として断固拒否する革新勢力。両者の違いが浮き彫りになった。

翁長県政は、本来相容れない水と油の保革共闘に支えられていただけに、こうした苦難の連続だった。しかし、それでも翁長知事が圧倒的に高い支持率を誇ったのは、多くの県民が、翁長氏が情理を尽くして発する言葉の数々に、沖縄戦後政治史を背負った決意を看てとったからだろう。

今年三月二六日、翁長知事は、与党代表者を前にこう発言した。

「自分でなければならない理由をみなさんでもう一度、考えて頂きたい」

知事選出馬を念頭に置いた発言だった。保革のバランスが一方に片寄ると、オール沖縄はたちまち危機に瀕する。

オール沖縄の成否は、保革のイデオロギーの違いを乗り越えて、政治と大衆運動の両面でそれをどう表現できるかにかかっている。
翁長氏の発言は、その覚悟を問いかけるものだった。

生前の「音声」

「翁長知事の代役は翁長知事しかいない」
オール沖縄は、翁長知事のすい臓がん発覚後も、翁長氏の二期目出馬を前提に議論を進めてきた。知事の死去に伴い、オール沖縄は、人選の加速化と同時に、オール沖縄としての枠組みを維持した選挙態勢の構築が課題になった。
「ただでさえ、県民投票の是非などをめぐって、オール沖縄は分裂含みだ。仮に翁長知事が出馬しないとなれば、最悪、オール沖縄は解体する。そうならないためには翁長知事自身による後継指名が必須だ。知事が『この人を自分と思って支えてほしい』と一言言ってくれれば、みんな納得する」（与党県議）
しかし、知事死去後、謝花副知事は、「後継指名についてはは聞いていていない」と発言し、その期待は外れた。

翁長知事は、七月二七日、辺野古埋立承認の撤回に向けた聴聞手続きに入ると表明した。その三日後に緊急入院。八月四日頃から意識混濁状態に陥った。八月八日夕方、謝花副知事は、知事の病状悪化に伴い職務代理者を置くことを記者会見で発表。知事の死去は、その約一時間半後のことだった。

知事の急逝を受け、知事を支持する県政与党会派や労組などでつくる「調整会議」は、候補者選考作業に入った。が、疑問なのは、翁長知事が自身の「万が一」のことを本当に想定していなかったのかという点だ。

「知事は、一一月の知事選に出馬する意思を確かに持っていた節があります」

関係者は次の通り裏事情を語る。

「実は、知事側近から、九月九日の統一地方選の推薦候補者のリストを提示してもらいたい、と要請を受けていた。候補者の為書きのためだ。さらに、翁長知事は、候補者や支援者を集めてもらえれば、選対事務所に出向いてその為書きを直接手渡ししたいとまで言われていたそうだ」

為書きを渡すためにあえて候補者・支援者を集めてほしいというのは、翁長氏が自身の出馬を前提に、統一地方選を知事選の前哨戦と位置付けていたとみるのが妥当だ。

しかし、予期せぬ知事の急逝によって、オール沖縄側は、白紙状態から候補者選考を迫られることになった。自民側は、七月初旬にも宜野湾市長の佐喜眞淳氏を擁立することを決定している。知事選は、九月末にも前倒しで実施されることになった。一方のオール沖縄側は、金秀グループの呉屋氏、謝花副知事、前名護市長の稲嶺氏ほか数人が想定される候補者として取り沙汰されるが、選考は難航する。

「調整会議」は、八月一七日、各構成組織による無記名投票を行った。そこでの取り決めは、候補者を一本化するまで、投票で名前の挙がった人物については口外しないことだった。

「議論の過程を県民に見せてはいけない。俺が俺が、という場面を見せると、知事の『弔い合戦』に水を差すことになりかねない。この候補者に決まったという結果だけを見せたい」(「調整会議」関係者)

しかし、オール沖縄の候補者選考に注目が集まる中、翌一八日、『沖縄タイムス』が早速「呉屋、謝花、赤嶺三氏らを軸に調整」と報じる。

知事選まで超短期決戦だ。一刻の猶予もない。

そんな矢先の出来事だった。一七日夜、知事の遺族関係者から、翁長氏が死去する数日前に録音したとされる「音声」が「調整会議」顧問の新里米吉氏（県議会議長）のもとに持ち込まれた。

報道によると、翁長氏は、期待する候補として「呉屋さんならば、まとまる。デニーさんは勝てる候補だ」と語っていたらしい。デニーさんとは、沖縄三区選出で自由党幹事長の玉城デニー衆院議員のことだ。

「知事の遺志は重い。これまでの選考は完全に白紙だ。玉城氏を担ぎ出すことで決定だ。玉城氏ならば、保守・リベラル層にもウィングを広げることが可能だ」

与党幹部は、候補者選考が難航する中、死去してもなお、オール沖縄に絶大な影響を与える翁長氏の政治力に舌を巻く。

前回選挙を自主投票で臨んだ公明党は、佐喜眞氏への推薦を決定した。自民側は、県内市長選を大差で連勝してきた自民・公明・維新の「勝利の方程式」で決戦に挑む構えだ。「翁長知事頼み」（自民県連関係者）と揶揄されてきたオール沖縄。翁長氏亡き後、最大の正念場を迎えることになる。

ドキュメント「オール沖縄」⑥

弔い合戦・知事選

翁長知事の死去に伴う沖縄県知事選挙が二〇一八年九月三〇日投開票される。知事選は、自民・公明・維新などが推薦する佐喜眞淳氏（前宜野湾市長）と、翁長知事の後継としてオール沖縄が擁立した玉城デニー氏（前自由党衆院議員）の事実上の一騎討ちの構図。辺野古新基地建設の是非を最大の争点に舌戦が繰り広げられた。

知事選の「争点」は？　佐喜眞氏、辺野古の是非触れず

「佐喜眞氏は、辺野古推進の自民、辺野古反対の公明、選挙結果を受けて民意を判断したいとする維新の三党から推薦を受けている。まるでヌエのようだ」（玉城選対幹部）

二年前、当時二〇歳の女性が元海兵隊員の米軍属に暴行殺害された事件を受け、県議会

は、中立の公明会派も含めた全会一致で在沖海兵隊の撤退を決議した。以後、公明県本は、辺野古反対にとどまらず、在沖海兵隊の県外・国外移転を掲げている。

その公明から推薦を受けた佐喜眞氏は、同党との政策協定書で、「日米合意による海兵隊の県外国外分散移転の繰り上げ実施」と、「日米合意」との留保をつけて曖昧な表現にとどめた。事実上、辺野古を棚上げした格好だ。

しかし、今回の選挙は、辺野古の是非が争点になるのは必至だ。

翁長知事は、七月二七日に伝家の宝刀「撤回」に踏み切ることを表明し、その直後の八月八日に死去した。撤回の記者会見が県民の前に現した生前最後の姿になった。県民の目には「命を賭して国と闘った知事」という姿が焼き付いている。

佐喜眞氏は、今年一月、「(移設先の整備は)われわれがやるのではなく、あくまでも政府がやるべきこと」として次のように発言していた。

「宜野湾市民が望んでいるのは、合意した普天間飛行場の全面返還という約束を守ってもらいたいということだけなんです」(月刊『フォーNET』二〇一八年三月号)

その言葉通り、佐喜眞氏は、今回の知事選でも、普天間の危険性除去こそが選挙の争点だとする。公開討論会で玉城氏から、辺野古の是非を曖昧にしている点を追求されると、

「毎日のように騒音に悩まされる宜野湾市民の苦労を分かっていない」と切り返す。

しかし、佐喜眞氏の言う普天間の危険性除去は、彼の選挙の政策の一つではあっても、果たして、知事選の「争点」になり得るだろうか。争点とは、候補者が掲げる重要政策が他の候補者とは違うからこそ争点になり得るはずだ。

玉城氏を擁立したオール沖縄は、翁長知事の遺志を受け継ぐことと、沖縄「建白書」の二点を候補者選考の条件にした。

この「建白書」では、オスプレイの配備撤回、普天間飛行場の閉鎖・撤去、そして県内移設断念を政府に求めている。普天間飛行場の運用停止と閉鎖は、佐喜眞氏だけが特別要求しているのではなく、玉城氏側も繰り返し求めている。つまり、佐喜眞氏と玉城氏とでは、普天間の危険性除去、固定化阻止という点では一致しているのだ。

では、選挙の「争点」はなにか？

選挙の争点は、普天間飛行場の閉鎖・返還の実現方法だろう。普天間の返還のためには、県内移設もやむ無しとするのか、過重負担に苦しむ沖縄全体の状況を考えた時、県内移設では普天間問題の根本的解決にはならないとするのか、だ。

しかし、佐喜眞氏は、その肝心なことには、県側が埋立承認を撤回して、今後、県と国との裁判が予想されるので、裁判の推移を注視する、と言葉をはぐらかす。先の「建白書」は、佐喜眞氏自身も当時、宜野湾市長として署名したものだが、そこにある県内移設断念、すなわち、辺野古反対については無視を決めこんでいる。

沖縄国際大学教授の佐藤学氏は、知事選を前にこう指摘した。

「辺野古に基地ができた場合、確かに普天間を抱える宜野湾市上空を飛ぶヘリの数は減るでしょう。しかし、オスプレイは辺野古と東村高江のヘリパッドを結んで、本島反対側の西海岸・伊江島飛行場を飛行訓練し続けることになります」

辺野古から伊江島に向かう間は、美ら海水族館などの観光施設が立ち並ぶリゾート地帯が続く。万一事故でも起きようものなら、沖縄観光は大打撃だ。

知事選に立候補した佐喜眞氏には、県内移設の是非も含めた普天間問題の解決策に正面から向き合うことが求められる。

翁長知事の「弔い合戦」

「呉屋さんならばまとまる。デニーさんは勝てる候補だ」

八月一七日、翁長知事が死去数日前に録音したとされる「音声」が翁長氏の遺族関係者から持ち込まれた。オール沖縄陣営が、難航する候補者選考に頭を悩ませていた矢先の出来事だった。

また、関係者によると、翁長知事は、生前、伊江島出身の母親と沖縄に駐留していた元米兵を父に持つ玉城氏の出自を念頭に「デニーさんは、戦後の沖縄を象徴する政治家だ」と語ったこともあったらしい。選挙にめっぽう強かった翁長氏が「勝てる候補」とするのが玉城デニー氏だ。

しかし、オール沖縄を取り巻く状況は、四年前の知事選の時とはうって変わっている。

前回の知事選は、公明党が自主投票で臨み、公明支持層の約三〜四割が翁長氏に投票した。一方、今年二月の名護市長選や四月の沖縄市長選で、オール沖縄は自民・公明・維新の推薦する相手候補に大差で敗れた。その原動力の一つが公明党・創価学会の動員力だった。

「公明党本部は、党所属の地方議員に沖縄入りを指示した。特に東京都議には最低三回の沖縄入りさせるほどのてこ入れだ」(公明党関係者)

一方、オール沖縄からは、翁長氏を支持してきた経済界が一部離脱、今年二月の名護市長選の敗北後、金秀グループ会長の呉屋氏が「オール沖縄会議」の共同代表を辞任した。

四月に入ると、県民投票の是非をめぐってかりゆしグループも「オール沖縄会議」から脱会。こうした中、かりゆしグループや医療法人陽心会など翁長知事と近い立場にあった企業などは、今回の知事選を自主投票で臨むことを決定した。

「『金秀』の呉屋会長は、生前の翁長知事との関係などから、本心では辺野古反対を貫きたいと考えています。しかし、『金秀』の経営陣が、経営に専念するように要求しているのです」（地元紙記者）

そうした社内事情が、呉屋氏の玉城候補の選対本部長就任辞退に繋がったようだ。

加えて、懸念されるのは、県政与党会派「おきなわ」の動きだ。会派おきなわは、県議会与党二六議席中八議席をもつ第二会派で、今回、自主投票を決めた「かりゆし」ともっとも近い関係にある。

オール沖縄関係者は、次のように事情を語る。

「呉屋さんと『かりゆし』の平良朝敬さんは翁長氏を支えてきた経済界の二大巨頭でしたが、呉屋さんの名前ばかり出ることに、『かりゆし』の平良さんが内心面白くなかったようです」

「かりゆし」に近い会派おきなわは、玉城氏を推薦したとはいえ、選挙では独自の動きをしている節もある。

こうして波乱が立ち込めるオール沖縄だが、必ずしも形勢が不利というわけではない。

沖縄知事選の基本的構図はこうだ。

知事選は、有権者約一一五万人、投票率が約六〇～六五パーセント、保守と革新の基礎票は、それぞれ約二五万票でほぼ互角。勝負の分かれ目は、選挙には行くものの支持政党はない、無党派層約一〇万票を拮抗する保革両陣営がいかに取り込めるかにかかっている。

中でも、知事選の勝敗を決するのは、大票田の那覇市でいかに支持浸透を図れるかだ。その点、那覇市を中心に沖縄南部での佐喜眞氏の知名度不足は否めない。一方の玉城氏は、ラジオの人気パーソナリティー出身だけあって、若者層も含めて抜群の知名度を誇る。

加えて、今回の選挙で無党派層の動向の鍵を握るのが翁長支持層だ。

「選挙の出遅れ感は否めない。しかし、翁長知事は県民の父親的存在だった。撤回を表明した直後の急逝。流れは、完全にオール沖縄だ。かなりの翁長同情票が見込める」（玉城選対幹部）

玉城氏は、翁長知事次男の雄治氏（那覇市義）と遊説して回るなど、翁長家との「セット戦術」を展開して巻き返しを図る。オール沖縄は、「イデオロギーよりアイデンティティへ」といった翁長知事語録を使い、翁長知事の「弔い合戦」を演出する。

一方の佐喜眞陣営は、前回、分裂した県建設業協会も含め、経済界を中心に票のとりまとめに余念がない。佐喜眞氏と玉城氏との激しいつばぜり合いが続く。

序盤の選挙情勢は、玉城氏リードか……。選挙結果は、辺野古問題の行方に大きな影響を与えることになる。

第7章 辺野古容認の舞台裏
――元村長の告白――

元宜野座村村長・浦崎康克さん

九月三〇日の沖縄県知事選挙は、玉城デニー氏の圧勝に終わった。その勝利の余韻に浸る間もなく、玉城県政は、大田昌秀知事の時以来約二〇年ぶりの県民投票へと動き出した。オール沖縄は多様な民意をまとめられるのか。沖縄の民意とは何か？　沖縄の「島ぐるみ」での一致点とは？　沖縄の声なき声を紹介したい。

二〇一八年九月下旬の県知事選真っ只中、名護市辺野古に隣接する宜野座村の元村長・浦崎康克さんを自宅に訪ねた。浦崎さんに取材しようと思ったのは、保守の政治家として知られる元村長が辺野古反対を掲げる「島ぐるみ会議宜野座」の共同代表をやっていると聞いたからだった。

浦崎さんは、一九九六年から二〇〇四年まで宜野座村長を務めた人物だ。興味を惹かれたのは、その時期が、稲嶺惠一沖縄県知事、岸本建男名護市長とちょうど時期が重なるからだ。浦崎さんはその当時、官邸で開催されていた「普天間飛行場代替施設協議会」に、沖縄側代表として稲嶺知事や岸本市長らと一緒に出席する立場にあり、いわば辺野古移設を推進する側にいた。

「普天間飛行場代替施設協議会」の議事録を紐解くと、同協議会は辺野古移設の是非を話し合う場ではもちろんなく、移設を前提として、滑走路の方角や位置、埋立工法など、住民生活や地域環境に及ぼす影響などについて沖縄側の要望を聞く位置付けだったことが分かる。

実際、浦崎さんはその協議会で「宜野座村の松田地区は、移設先から至近距離にありますので、住民生活に影響のないようによろしくお願いします」といった趣旨の発言を繰返している。そうした立場にいた浦崎さんが、辺野古反対に立場を変えたばかりか、地域の島ぐるみ会議の共同代表まで務めているのはなぜなのか。

反基地の保守というのは、本土の感覚では矛盾する。オール沖縄の保守系人士がなぜ辺野古反対なのかを聞くことができれば、沖縄で保革を越えた「島ぐるみ」の一致が可能なわけが見えてくる、そう思って取材に臨んだ。

宜野座村は、人口約六〇〇〇人、沖縄本島のほぼ中間に位置する。沖縄戦後史の大家・新崎盛暉氏は、『沖縄現代史』（岩波新書）の中で、宜野座村について、米軍が八八年頃からキャンプ・ハンセン内に都市型戦闘訓練施設の建設を始めた際、「保守色が強く、基地に対する拒絶反応もそれほど強くない」とみられていた宜野座村で、「建設資材搬入を阻止しようとする住民と機動隊が激しく衝突」する「予想外の激しい反対運動」があったと紹介している。

その保守色が強い宜野座村で、二〇一五年六月、約一七〇人の村民が集まって「島ぐるみ会議宜野座」が結成された。元村長の浦崎さんは、その中心メンバーの一人だ。

取材のアポ取りで「沖縄の保守の方にお話を伺いたい」と申し出たところ、浦崎さんは電話口で「私は保守ではありませんから。本土で言うところの保守とは違いますから」と付け加えるのを忘れなかった。

沖縄自動車道の宜野座インターを降りると、すぐ目に入ったのが宜野座村野球場だった。一際目立つ施設で、阪神タイガースのキャンプ場として知られる。これも基地受け入れの見返りなのだろうかと想像しながら、車を走らせることおよそ一〇分。電話口で「玉城デニーの幟があるから、すぐ分かりますよ」という言葉どおり、玄関横には、デニー候補の旗が翻っていた。

「沖縄の保守と革新は、本土の保守と革新とは違います。そもそも、保守とか革新とかいう言葉は、本土の人がつくった言葉でしょう。沖縄の人はある時は保守だったり、ある時は革新だったりします」（浦崎さん）

本土の保守と沖縄の保守とは違う。本土の感覚で、沖縄の保守・革新を考えると誤った理解になってしまう。しかし、「ある時は保守、ある時は革新」とは一体どういう意味なのか？ 単純に考えると、節操がないようにも思える。

実際、浦崎さんは村長時代、議会で革新系の議員から「辺野古賛成なのか、反対なのか。はっきり信条を言え」と何度も追求されたらしい。浦崎さんは言う。「もちろん、心の中では大反対だった」と。

革新系は、こうした浦崎さんの態度を「煮えきらない」、「保守で辺野古容認」と思ったのだろう。浦崎さんの部下だった元課長を次の村長選挙で擁立した。しかしなんと、新村長はその後、当選後数カ月で、当時の額賀福志郎防衛庁長官、島袋吉和名護市長と三人で会談し、辺野古受け入れを表明したのだ。

「新しい村長を支持した革新系はあっけにとられていましたよ。私は新村長よりも、自分の方が革新だったと自負しています」

戦争で父親を失った浦崎さんは、「平和の問題については、保守も革新もありません。戦争につながる米軍基地には反対です」と言い切る。だから、基地容認＝保守、基地反対＝革新という本土の図式を当てはめると、沖縄の保守の政治家も革新に映ってしまう。しかし、それは、本土の政治構造を無理に沖縄に当てはめた結果であって、そもそも、本土の図式で沖縄の政治文化を理解しようとすること自体が間違っているというわけだ。

沖縄戦後政治史、特に沖縄の保守勢力を研究する大阪教育大学准教授の櫻澤誠氏は、『沖縄の保守勢力と「島ぐるみ」の系譜』（有志舎）で、経済問題を重視する保守と、基地問題を重視する革新という従来の図式を否定し、沖縄の保守と革新は二項対立では捉えられないと指摘する。

「両者の立場（「保守」的立場と「革新」的立場）は単純に二分できるものではない。後者（「革新」的立場）は前者（「保守」的立場）の発展過程として同一直線上に成立するものである。ゆえに、二つの立場は同一人物、同一組織のなかでも共存しうるし、状況に応じては表明する態度が変化しうる」※（）内は引用者
本土の図式に当てはめると保守に位置付けられる浦崎さんは、「心の中では辺野古に大反対」、「自分のほうが革新的」と言う。まさに、浦崎さんという「同一人物」の中に保守でもあり革新でもある「二つの立場」が共存しているわけだ。

では、なぜ辺野古反対を強く言えなかったのか？　櫻澤氏の言葉を借りれば「表明する態度が変化しうる」状況とは一体どのようなものなのか？

「私が村長をやっている時、県知事は稲嶺さん、名護市長は岸本さんでした。稲嶺さんは、

『軍民共用空港』、『一五年使用期限』などの条件を満たせば受け入れるという姿勢。また、名護市長は、基地使用協定の締結などの条件付き容認の立場でした。そうした状況の中、隣の村長の私だけが反対とは言えませんでした」

知事と名護市長が辺野古容認の状況で、なぜ宜野座村だけが反対とは言いづらかったのか。

「振興策に関わってきます。沖縄は県民所得が少ないですが、宜野座村のような田舎の場合、さらに少ない。実際、生活が苦しい。しかも、皆で反対だったら大丈夫ですが、国はそこを突いて予算で見せつけてきます」

村の財政は基地交付金や借地料でなんとかやっていけており、一旦、禁断の果実を受け入れてしまうと、そのようなシステムから脱却するのは難しい。その上、国は、辺野古容認の自治体にだけ莫大な財政をこれ見よがしに投入してきたのだ。

率直に尋ねてみた。「浦崎さんが村長の時、実際に宜野座村にお金は落ちたのか」と。

「落ちましたよ。ＳＡＣＯ交付金を活用し、松田区にインターネット環境を整えました。さらに、宜野座小学校も改築したし、塩原区の公民館も新設しました。宜野座村の大半は、キャンプ・ハンセンなので、防衛予算は比較的取りやすかったです」

高速を下りて一際目立っていた宜野座村野球場も、防衛予算で建てられたらしい。宜野座村の公式ホームページを見ると、浦崎さんの村長就任後、「健康文化むら」をキーワードに「かんなタラソセンター整備事業」、「サーバーファーム整備事業」を導入し、観光産業の発展・情報化社会への積極的な参加に取り組んだことが紹介されている。

こうして「苦渋の決断」で辺野古を受け入れた浦崎さんだが、転機が訪れたのは、辺野古反対を掲げた稲嶺進氏の名護市長当選や翁長県政の誕生だった。特に、翁長前知事の「イデオロギーよりもアイデンティティ」、「魂の飢餓感」といった言葉に共感した。県も地元名護市も辺野古反対だったので、「そういった状況では反対と言いやすい」。

しかし、二〇一八年二月の名護市長選挙の結果、辺野古反対派の稲嶺市政から、事実上容認派の渡具知市政に交代したため、浦崎さんは辺野古現地への座り込み行動への参加などを控えるようになった。

「辺野古容認の市長になったのに、村長経験者の私が現地で反対を叫べば、私のスタンスがつぶれてしまう」

これをカネ目当てという言葉で括るのは容易い。莫大な財政投資を「見せつけてくる」状況に自治体の長が下した判断をもって、カネ目当て、保守は経済重視と一括りにすると見誤る。

「自分のほうがむしろ革新的」と言う浦崎さんは、「私は、保守ではなく、自分の置かれた立場を考え、自分の意見を主張してこなかっただけ」と言う。うっすらと目に涙を浮かべながら「卑怯と言われるかもしれないけど、村のためには仕方がなかった」と語る姿が印象深かった。苦悶し悩みながらその時々を決断して生きてきた浦崎さんという一人の人物の中に、オール沖縄の底に流れる民意を垣間見た思いがした。（中村）

第8章 本土への問いかけ
――沖縄「保守」の主張――

那覇市議・永山盛太郎さん、宜野座村議・眞栄田絵麻さんオール沖縄は、二〇一八年二月、知事選の前哨戦と位置付けた名護市長選挙でまさかの敗北。続く石垣市長選（同年三月）、沖縄市長選（同年四月）と連戦連敗。当時は、「解体状態」との声も内部から漏れはじめていた。それが一転、天王山の知事選、那覇市長選、豊見城市長選と三連勝。オール沖縄は奇跡的に復活を遂げた…。

その三連勝後の二〇一八年一〇月二五日、那覇市のハーバービューホテル。オール沖縄を支える保守中道の政策集団「新しい風・にぬふぁぶし」の事務局長を務める那覇市議の永山盛太郎さんを取材した。「にぬふぁぶし」とは、ウチナーグチ（沖縄方言）で北極星を意味し、翁長知事を支えるオール沖縄の保守中道層を再構築すべく、二〇一七年一〇月、約三〇人の地方議員らで発足した。

永山さんは、もとは歴とした自民党員だ。彼は、二〇一三年の那覇市議選に自民党から立候補し、落選。自民党県連が辺野古容認に転じた後の二〇一七年七月の市議選では、辺野古反対の立場で立候補して那覇市議になった。

その永山さんに開口一番、「なぜ保守中道の立場なのに辺野古に反対するのか？」という疑問をぶつけてみた。

「日本全体の安全保障を考えた時、多少の米軍基地は必要だと考えていますよ。ただし、過重負担の現状や、元々ないところ（辺野古）に新しく基地をつくることには反対です」

一言で言えば、これ以上の基地負担には反対という主張だ。

永山さんは、「当時とは前提が違います」と説明する。「当時」とは、国と沖縄県が辺野古移設を合意したことを指す。

稲嶺知事の時代、沖縄は普天間飛行場の一刻も早い危険性の除去のため、「一五年使用期限」、「軍民共用空港」という条件をつけて辺野古移設を合意した。永山さんは、それが沖縄として精一杯受け入れ可能な「落としどころ」だったと言う。その合意の前提を一方的に反故にしたのは、国側の責任というわけだ。

永山さんの説明はこうだ。

国が沖縄に海兵隊を駐留させるのは、軍事的理由からというよりも、むしろ、本土に米軍基地を受け入れる場所がないという政治的理由であること、また、沖縄県が稲嶺知事当時に国と合意した移設計画案と現行案とは前提となる条件が大きく違い、約束違反なのは国側だということだ。

「私は、すべての米軍基地に反対とは言っていません。しかし、本土側は、辺野古に反対すると、すべての米軍基地に反対、日米安保反対と誤解している方が大多数ではないでしょうか。だから、辺野古反対と言うと、勢い、じゃあ防衛はどうする？　中国はどうする？　という反問になる」

永山さんは、「この温度差が沖縄の問題を複雑化している」と言う。永山さんら沖縄の保守派で辺野古反対の人たちは、辺野古移設反対であって、沖縄のすべての米軍基地に反対とは言っていない。中国の脅威に対し、日米安保は必要と考えているし、嘉手納飛行場を返せとまでは言っていない。

翁長知事も、日本の安全保障のために日米安保が必要だというのであれば、日本国民全体で考えるべきだと言ったわけで、日米安保を否定したことはなかった。永山さんは、「そこが革新とは違います。シーレーン防衛も含め在沖米軍の存在意義は大きい。かといって沖縄にすべて持ってくるのは違うはずです」と主張する。

では、保守の政治家が基地反対を主張することで、失う支持者はいないのかと尋ねると、永山さんは、これまでの口調から一転、悩ましげな表情で次のように言う。

「そこが、保守系議員の泣き所なんですよ。沖縄には、国からのカネはいくらでも貰うんだという感覚が未だに根強くありますからね。沖縄の経済は、政府からの交付金が入ってきて、まず建設会社が潤い、それで経済が循環するという構図です。沖縄経済は今もそこから脱却できていません」と指摘する。基地を受け入れると、確かにお金は入ってくる。その一方、基地反対ばかり言うと、一部の支持者からは「じゃあ、カネはどうやって引っ張ってくるんだ」と批判されるのだ。

永山さんはため息混じりに語る。「反対ばかり言うと、土建業界などから、票が取れなくなります。保守のつらいところです」と。

「つらい」とは言いながら、なぜぶれなかったのか？

「私の場合は、ぶれる要素がなかったからですね。前回自民党から立候補した時に当選していれば、私も、ぶれたかもしれませんが」

「ぶれる要素がない」という意味が分からないといった私の表情に気付いたのか、続けてこう語った。

「自民党県連が辺野古容認に転じたのは、党本部から言われたからでしょう。それだけですよ、理由は。『平成の琉球処分』で、県選出の国会議員五人が並べられた時、国場幸之助さん（衆院議員）は後援会に『反対する』と言って上京したわけですから。しかし、彼も国の圧力には抗しきれなかったんでしょう」

これまで、「保守なのになぜ辺野古反対なのか？」と疑問に思ってきたが、それがいかに見当違いなものなのかようやく気付いた。沖縄は、文字通り、「オール沖縄」で辺野古反対なのだろう。だが、そこに選挙や利権など「ぶれる要素」があって、一部には目が眩み、圧力に屈した人達がいたというのが実相なのだ。

永山さんは、「今でも自民党の昔の仲間とは普通に話しますし、一緒に酒も飲みます。今でこそ、オール沖縄という立場ですが、どちらかというと、革新系よりも、古巣の自民党に友達は多いですよ」と語る。古巣の自民党の心情はよく分かるのだろう。

ところで、那覇市議会は、二〇一七年七月の市議選の結果、翁長知事（当時）を支持する城間市政与党では、共産党が第一党になった。あわや共産党が第一会派になるかと思いきや、永山さんら「にぬふぁぶし」所属の保守系議員は、社民党や地域政党の社会大衆党と組み、与党第一会派となる「ニライ」を結成した。

永山さんは、結成の経緯について「目的は、城間市長を支えることです。議会では会派として勢力をつくらないと、発言力がなくなりますからね」と答えるが、「色々とお叱りは受けていますが、そこは、共産党を意識しながら、やっていくことになったということです」という言葉を付け加えるのを忘れなかった。

永山さんのように、共産党とは若干距離を置きながら、辺野古反対の立場でオール沖縄に参画した保守系議員は他にもいる。

その一人が、同じく「にぬふぁぶし」共同代表の眞栄田絵麻氏（宜野座村議）だ。彼女も、これ以上の基地負担は受け入れられないという立場だ。

「私は基地縮小の立場です。現に今、基地で働いている人達がいるわけですから、すぐ全部撤去というわけにはいきません。そこが革新とは違います。私は辺野古しか反対していませんから」

眞栄田さんは、地元の宜野座高校を卒業後、バスガイドをした経験をもつ。本土からから来た観光客相手に、南部戦跡はじめ平和の問題を熱心に案内していた時、「若いのによく実情を伝えてくれてありがとう」といったお礼の言葉の他に、時折「あなたは革新系ですか？」と尋ねられたこともあった。

「私は、保守とか革新とか関係ありませんから。ただ叔父が戦争で亡くなっているので、小さい頃から、父や祖父母から聞かされた戦争のこと、平和の問題を伝えたいと思って、一生懸命勉強しただけです」

そう語る彼女も、永山さんと似た経歴をもつ。実は、眞栄田さんは、自民党員でこそなかったものの、自民党女性部員として熱心に選挙などを手伝った経験があった。眞栄田さんは、バスガイドをやっていたとあってすらすらと言葉が出てくる。「ほら、私はこんな感じでしょう。だから、いろんなところに駆り出されるんです」と言って次のように振り返る。

「岸本建男さんが名護市長選挙に出馬した時に演説に駆り出れて、お手伝いしました。岸本さんは、基地使用協定の締結や日米地位協定の改定などの条件を付けて辺野古を受け入れたわけです。だから、あの時と今とでは前提となる条件が全然違うわけですよ」

だから、古巣の自民党にはもどかしい思いを持っているようだ。

「今の自民党にもたくさんの知り合いがいます。なんでここまで変わったのかと、私が逆に聞きたいくらいです。自民党県連の幹部には、中小企業同友会で一緒だった仲間もいますから」

彼女も、永山さんと同じく、自分はぶれなかっただけと言う。

もっとも、そう語る眞栄田さんも、革新と共闘できるのは「建白書」までで、完全に一致しているわけではない。そこで、革新系へのアレルギーはないのかと永山さんと同じ質問をぶつけてみた。

「共産党を全否定するわけではありませんよ。ただ、あまりにも共産党の色が濃すぎたきらいはありましたね。名護市長選挙の時なんかは、革新系は基地問題ばかりで、『共産党じゃあるまいし』といった思いが頭の片隅にありました」

辺野古問題を起点に、沖縄では保革の壁が融解し始めた。前回指摘した通り、沖縄の保革の構造は、経済を重視する保守と基地を重視する革新といった二項対立ではなく、保守的立場の延長線上に革新的立場が展開する重層的な関係で捉える必要がある。

それは、革新が歩み寄れば、保革の壁を越えた「オール沖縄」としての共闘が可能になることを意味する。もちろん、オール沖縄の保守の側が革新への違和感やアレルギーを完全に払拭できるわけではない。それは、革新にしても同様だろう。

とはいえ、オール沖縄は、辺野古反対という一点では、保革をこえて複雑な民意を結集できる。そこに奇跡的に復活を遂げたオール沖縄の底流にある民意の根深さと力強さを感じとることは可能だろう。「にぬふぁぶし」の主張は、沖縄にとって「保守」とは何かを我々本土に問いかけている。（中村）

ドキュメント「オール沖縄」⑦

玉城丸――波乱の船出――

沖縄県知事選史上最多得票の約三九万六〇〇〇票で当選した玉城デニー県政が一〇月四日発足した。デニー知事は、知事選で示された辺野古反対の民意を追い風に、政府との対話による解決を呼び掛け、上京した。

「自作自演」

就任四カ月にしてようやく首相、官房長官との会談が実現した故翁長知事の時とはうって変わり、安倍首相は玉城知事就任九日目にして早々と会談に応じるなど、沖縄に寄り添う姿勢を演じるかに見えた。

しかし、国側は、その五日後には行政不服審査法に基づき、国土交通大臣に埋立承認撤回の取消、撤回の効力を凍結する執行停止を申し立てた。さらに、県側からの申し出で一一月に始まった県と国との「集中協議」の最中も、工事の一時停止には応じず、あくまで工事を進めた。

沖縄県側は、撤回に対する国側の法的対抗措置についていくつかのパターンを想定していた。行政事件訴訟法に基づき裁判所に撤回の取消・執行停止を求めるケース、地方自治法に基づき撤回の取消しを求める代執行訴訟を提起するケースなどだ。そうした想定の中で、もっとも可能性が低いと考えていたのが、行政不服審査法に基づく撤回の取消・執行停止だった。

この法律は、行政庁の違法な処分によって侵害された国民の権利利益を救済するためのもの。国の立場にある沖縄防衛局が私人になりすまし、同じ内閣の一員である国土交通大臣に不服申し立てをすることは、法の趣旨を逸脱する。身内同士の「出来レース」、「自作自演」になるのは必至だからだ。

翁長知事が二〇一五年一〇月に埋立承認を取消した時、沖縄防衛局は、国交大臣に行審法に基づく執行停止などを申し立て、行政法学者などから批判を浴びた経緯があった。

「国は、当初、前回の批判に懲りて行審法を避けようと考えていました。しかし、翁長氏の死去と知事選のため、約三カ月もの間、工事を止めたままの状態だったので、さすがに裁判所への申し立てを考え直したようです」（全国紙記者）

執行停止が認められるためには、緊急性の要件がある。急な知事選を前に県民の反発を避けるためといった国側の恣意的な判断によって、三カ月間も工事を停止しておいて、選挙が終わった途端に、「緊急に」工事を再開しなければならないとは、さすがに裁判所に認められないと考えたのだろう。

そこで、政府は、批判を承知で、身内への異議申し立てという禁じ手を使った。なりふり構わず工事を進める政府の実態が改めて浮き彫りになった。

知事選で大敗しようと、県側が対話を呼び掛けようと、国が権力を振りかざして工事を進める限り、工事は止められない。民意を背に政府との対話路線を求める玉城県政は最初から出鼻を挫かれた格好だ。

波乱の船出――問われる知事の舵取り――

ある与党県議は、玉城県政の船出にあたり、次のように課題を指摘する。

「玉城知事は、翁長前県政を継承できる点でアドバンテージはあるが、県議出身ではない玉城氏が、県政の諸施策を熟知し、県執行部を束ねられるか、課題は多い」

二〇一四年一一月の知事選の結果、沖縄県政は、辺野古容認の仲井眞県政から辺野古阻止の翁長県政へ「政権交代」を果たした。政権交代に伴い、翁長氏が県に連れだった側近は安慶田光男と浦崎唯昭の両副知事のみ。他の部長級人事には一切手をつけなかった。

つまり、翁長県政は、辺野古容認に舵を切った仲井眞県政下で、辺野古埋立承認に携わった知事公室、土木建築部、農林水産部、環境部の人事をそのまま承継したのだ。県庁に乗り込んだ翁長氏が県職員を統率できるのか、翁長県政の船出にあたり最大の不安はそこにあった。

かつて「最低でも県外」を公約に政権交代を果たした鳩山首相の前に立ちはだかったのは、米国ではなく、足元の官僚組織だった。米国防長官の来日を前に、駐日米国大使に「辺野古移設の現行計画が唯一実現可能な計画だと伝えてほしい」と迫る防衛省高官。米軍基地内で環境汚染が起きた場合に自治体などが立入調査する「環境条項」を日米地位協定に盛り込む民主党案に対し、国務省高官に「米側が柔軟な姿勢を示すと、かえって大きな要求を招くことになる」とご注進する政府高官らの言動があった。

彼ら防衛省高官ほどではないにしても、政権交代後に、行政組織をいかに統率できるかが、行政の長を悩ます課題といえる。翁長氏も、政権交代した民主党政権と同じ課題に直面し、そのことに人知れず頭を悩ませた一人だった。実際、翁長県政末期にそのことを象徴する出来事が起こった。

七月二七日県庁六階。この日午前一〇時半から、翁長知事は、記者会見に臨み、埋立承認の撤回手続に入ることを表明した。翁長氏は、大浦湾側の軟弱地盤や活断層の問題、米国航空法に抵触する「高さ制限」の問題など、撤回の根拠を縷々説明した。また、東アジアの安全保障環境の変化も踏まえ、政府が頑なに「辺野古唯一」を堅持する姿勢を滔々と批判するなど、その記者会見では、いわゆる「翁長節」が炸裂した。

出来事とは、この記者会見の約一時間前のことだ。翁長知事は、撤回について与党県議団に説明する場を設けていた。プレス向け資料をもとに、撤回の決断に至った経緯を説明した後、「せっかくの機会だから」ということで与党会派に質問を促した。

「社民・社大・結」会派、共産会派、「おきなわ」会派の各代表者から、撤回への支持表明や、知事選への出馬の有無を問う質問が出された後、最後に、ある与党幹部が「三〇秒でいいので時間を下さい」と言って挙手。その与党幹部は、列席した池田竹州知事公室長に次のように苦言を呈した。

「知事の撤回の決断は大いに評価したいが、公水法（公有水面埋立法）を所管する土建部は、沖縄防衛局への聴聞通知書の起案に最後まで抵抗したらしいじゃないか。公室長のほうでちゃんと県庁組織をまとめてもらわないと困る」

辺野古海域の埋立てを承認する根拠法令の公有水面埋立法は、知事部局の中で土木建築部、通称「土建部」が所管する。埋立承認書を起案するのも、その承認取消しを起案するのも土建部なのだが、土建部は、埋立承認撤回手続に入るための沖縄防衛局への聴聞通知書の起案に最後まで抵抗した。

別の与党県議は、次のように事情を説明する。

「土建部からすれば、仲井眞知事の時に自分達が承認したものを、今度は、自分達自身の手で否定しなくてはいけない、自己矛盾に立たされた形だ。これは、翁長県政の発足当時から不安を抱えていた課題だった。つまり、人事を刷新しないままで、知事が県執行部を束ねられるかという問題だ」

この土建部の消極姿勢には別の背景もある。沖縄の政財界を揺るがせた談合事件、いわゆる「識名トンネル訴訟」だ。

これは、仲井眞県政の時代、当時の土建部長ら幹部が大手ゼネコンと談合して国から不正に五億円の補助金を受け取っていた問題だ。市民団体の告発により、幹部らは、県から国への五億円の返還に伴う利子約七〇〇〇万円を個人で賠償することが裁判で確定している。この談合事件と、辺野古訴訟は直接関係ないが、職員の故意・重過失によって損害を与えた場合、職員個人が損害賠償を請求される前例になった。

県庁職員の脳裏によぎるのは、菅官房長官が繰り返し言及する「工事が止まった場合、一日あたり約二〇〇〇万円の損失が出る。それを知事個人に請求することはあり得る」という「脅し」だろう。

仲井眞県政の時代に、自らの手で埋立承認しておきながら、また自分達の手でそれを取り消す自己矛盾、さらには、重くのし掛かる損害賠償の懸念。「撤回を力強く、必ずやる」と断言する翁長氏の決意とは裏腹に、土建部はじめ県職員が果たしてどこまで知事の決意を全うしようとしたのか……。知事の決断に二の足を踏んだことは想像に難くない。

命を賭して撤回を決断した翁長氏。玉城知事がその翁長氏の遺志と沖縄「建白書」を受け継ぐことに微塵の揺らぎもない。しかし、なりふり構わず工事を進める国を前に、知事が県庁組織を束ねられるのか。玉城丸の舵取りに注目したい。

第9章 ウチナーンチュとヤマトンチュの狭間で

沖縄国際大学教授・佐藤学さん

足掛け五年にわたる沖縄取材の幕を一旦閉じることになった。沖縄と本土の架け橋たらんと大見得をきって始めた沖縄取材だったが、最終回は、ウチナーンチュとヤマトンチュの狭間で生きるひとりの人物に焦点を当てた。

海兵隊駐留の合理性は?

その人物とは沖縄国際大学教授の佐藤学さんだ。

佐藤さんは、海兵隊の機能・役割を分析し、海兵隊の沖縄配備の軍事的必要性に疑問を投げ掛ける論客の一人だ。本土では、尖閣諸島で日中の軍事衝突が起きると、沖縄の米海兵隊がオスプレイに搭乗して参戦するといった考えが広まっている。潜在的紛争地に遠すぎず近すぎない沖縄に抑止力としての米海兵隊を駐留させることが日本の安全保障にとって必要不可欠だとする意見だ。

佐藤さんはこれに異を唱える。詳しくは、拙著『沖縄両論~誰も訊かなかった米軍基地問題』(春吉書房)所収の佐藤さんへのインタビュー「辺野古新基地建設の軍事的合理性はあるのか、事実と実態に即して冷静に議論するべき」に譲るが、佐藤さんが繰り返し説くのはこうだ。

沖縄に駐留する海兵隊は、普天間飛行場所属のＣＨ53やオスプレイがキャンプ・ハンセンやキャンプ・シュワブに駐留する地上戦闘部隊を北部訓練場まで運び、日々訓練をしている。そうした訓練の実態から、仮に海兵隊が日中の軍事衝突に参戦するとなると、多くの日本人は、海兵隊員がオスプレイに搭乗して紛争地に直行すると漠然と思っている。

しかし、実際には、海兵隊は、長崎県佐世保を母港とする強襲揚陸艦（ヘリ空母）を沖縄近海まで回航させた上で、オスプレイを搭載して紛争地に駆けつける。佐世保から沖縄までの距離は約八〇〇キロメートル、回航には丸一日かかる。こうした海兵隊の運用の「事実」から、海兵隊が地理的優位性のある沖縄に存在しなければならない軍事的合理性を否定する。

この考えを補強するものが軍事専門家からも多数出ていると言う。例えば、元海上自衛隊航空隊司令の小原凡司氏（笹川平和財団上席研究員）の「日本の防衛は自分で責任を持つ。日米が一緒に尖閣を守るという議論がありますが、ナンセンスだと思います。そんなことを米国はしないし、防衛は日本の責任です」（『朝日新聞』二〇一五年七月三一日付）という意見だ。

また、元海将で自衛艦隊司令官だった香田洋二氏も、「大多数の国民は日米安保で米国は日本を守ってくれると思っているが、違う。日本を守るのは自衛隊です。（中略）例えば尖閣諸島程度の小島を米軍が守るはずがない」と言う。

日米「異様な関係」への疑問

中国の海洋進出に伴う南西諸島の防衛強化といった議論がある中、こうした意見を持つ佐藤さんを、日本の安全保障を軽視するリベラルな左派系学者と勘違いするかもしれない。しかし、佐藤さんは単に海兵隊不要論を唱えているわけではない。佐藤さんは現状の日米関係を健全なものにするためにこそ、沖縄の基地負担軽減が必要だと訴える。

「私は反米主義者ではありません。敗戦後の日本が、国際社会に復帰する過程で、アメリカと手を組んだのは間違っていなかったと思っています。ただ、今の日本とアメリカの関係は、あまりに歪で、アメリカとの関係を重視するといっても、今のやり方でやる必要はないと思っています」

佐藤さんは、日米の貿易摩擦が激化した一九八〇年代から九〇年代に焦点を当てて当時のアメリカ議会の対日政策について研究し、博士論文「米国議会の対日立法活動 一九八〇年―九〇年代対日政策の検証」を執筆した経歴を持つ。

世界第二の経済大国にまで成長した日本に対し、八〇年代のアメリカ国内では日米開戦論が論じられていた。日本が経済大国になった後、その次は軍事力の競争になるといった議論がまことしやかになされていた。今の中国との関係を彷彿とさせる。

佐藤さんは、当時、「日本がアメリカを凌駕するとは思っていませんでした。冷戦構造を引きずった枠組みの中での小競り合いになるだろうと見込んでいましたし、日本が経済的・軍事的一大強国になって日米安保を切るなんてまずないだろう」と分析していた。

今後も、冷戦構造や日米安保は維持されると考えていたわけだが、それをどう評価しているのか？

佐藤さんは、今のアメリカとの「異様な関係」を変えないと、日米関係は持続しないと指摘する。その「異様な関係」を改善するために、佐藤さんが注目するのが沖縄の海兵隊だ。沖縄に海兵隊を置くのは軍事的理由ではなく他に受け入れる所がないという政治的理由にすぎないことはすでに明らかになっている。

沖縄の負担軽減の象徴として海兵隊を県外に移転できれば、沖縄の負担はずいぶんと減らすことができるし、海兵隊を沖縄にこのまま「押し付けておく」のは日米安保はじめ日米関係を健全にやっていく上でよくないと言う。

加えて、次のように説明する。

「沖縄の中で、基地容認の声が案外大きいというのが分かってきたんです。以前は、沖縄は基地反対の人が多いのだろうと漠然と思ってましたが。学生と話していると決してそうではありません。それで、沖縄に『反安保の闘い』を匂わせるのもおかしいと思い始めたんです」

実際に基地で生活している県民がいることを踏まえると、それをいきなり全部なくすと言っても、県民が納得するわけがない。こうした意見は、以前取材した保守中道系の「新しい風・にぬふぁぶし」の眞栄田絵麻さん（宜野座村議）や永山盛太郎さん（那覇市議）らと同じ意見だ。

本土と沖縄の架け橋に

筆者は、長年の沖縄取材の中で佐藤さんに度々お世話になってきた。その佐藤さんに最終章で再び登場していただいたのには理由がある。

拙著『沖縄両論』を上梓したのは、かれこれ三年前だ。オール沖縄の翁長県政がまさに始まろうとする矢先の二〇一四年九月に沖縄取材をスタートさせ、多くの学者・文化人にインタビューしてまとめたものだが、その取材で筆者が連載したのが「辺野古を歩く」というルポだった。

辺野古現地の反対運動は本土のプロ市民や日当を支給されている人たちが集まってやっているという噂の真相をこの目で確かめたいと思い、実際に辺野古に通い、現地リーダーの山城博治さん（沖縄平和運動センター議長）らへのインタビューを重ねた。

取材では、政党や労働組合に動員された人たちはごく一部で、自腹で交通費を捻出し辺野古に通う老夫婦の姿などを目の当たりにした。

以来、本土の沖縄に対する思い込みや無関心を払拭できれば、いわゆる「沖縄問題」の背景にある本土と沖縄の深い溝を埋められるのではないかと考えてきた。

そこで、沖縄出身ではない本土出身の佐藤さんがなぜ沖縄問題をライフワークにしているのか、本土と沖縄の架け橋たろうとする中での佐藤さんの悩みや葛藤、今後の課題などを是非尋ねたいと思い、再度のインタビューを申し込んだ。

そう思ったのは、数年前、佐藤さんが筆者の取材に対して述べられた次の発言を思い出したからだ。

「本土（東京）出身の私は、沖縄人になろうと思ってもなれないし、彼らの苦しみを分かるとは口がさけても言えない。でも、そういう立場の私だからこそ、沖縄人ではない自分なりの役割があると思っています。それは、沖縄の基地問題を東京の政治の論理に翻訳して発信することです。この問題は、沖縄だけで通用する言葉で研究・発言しても限界があって、実際に政治を動かしている東京の政治の論理をつかんだ上で、彼らを説得できる言葉に翻訳して発信するのが私の役割ではないかと思っています」

その佐藤さんにとっての大きな転機は古関彰一氏（獨協大学名誉教授）の論文「沖縄にとっての日本国憲法」（『法律時報』一九九六年一二号）との出会いだったと言う。古関氏は、憲政史を専門とし、日本国憲法の制定過程の研究、憲法九条の平和主義や安保条約との関係を研究している学者だ。古関論文にはこう書かれていたそうだ。

戦後日本が憲法をつくった時、その制憲議会には、沖縄出身の国会議員は一人もいなかった。沖縄は、サンフランシスコ講和条約の発効と同時に、日本から切り離されてアメリカの施政下に正式に組み込まれるが、憲法をつくる当時は、まだ沖縄「県」だった。

それにもかかわらず、日本国憲法をつくる議会や、沖縄を切り離すことになるサンフランシスコ講和条約を議論する当時の国会に、沖縄県の代表は一人もいなかったというのだ。当時の沖縄は、米軍の軍事占領下だった。戦時占領には、ハーグ陸戦条約が適用され、その四三条には現地法の順守が規定されている。しかし、米軍は、ニミッツ布告でもって沖縄の行政権・司法権を一方的にすべて停止して、沖縄統治を始める。そうしたアメリカの占領体制や片面講和を批判するのは、戦後、ソ連陣営につけと言った社会主義者・共産主義者たちだった。

「岩屋発言」戦後日本の本質

佐藤さんは、「冷戦が終わり、革新が退潮した時点で、保守の側は親米をやめて、この国のあり方はおかしいと言わなければいけなかった」と嘆く。

「今、起きている『沖縄問題』は、戦後日本の出発点に根っこがあります。県民投票後、岩屋毅防衛大臣が『沖縄には沖縄の民主主義があり、日本には日本の民主主義がある』と発言しました。彼はそういうつもりはなかったんでしょうが、これは、残念ながら、至言なんですよ。沖縄の民主主義は、県民自らが二七年間のアメリカ占領統治下で闘いとったもので、沖縄を外してつくられた日本国憲法下の本土の民主主義とは違います」

その岩屋発言は、県民投票で投票率五二・四八パーセント、辺野古反対票七二・一五パーセントという辺野古反対の民意が示されたにもかかわらず、政府として引き続き工事を進めるとの立場を主張した際に飛び出たものだ。

「古関論文を読み、私は、日本のあり方を変えないといけないと考えるようになったんです。戦後の日本はこれでよかったのかと。日本は、戦後ずっと国のあり方から目を背け、これを『沖縄問題』として意図的に隠してきたんだと気付いたのです」

戦後の日本は、東西ドイツや南北朝鮮と比較して、分断されずに済んだと言われる。しかし、佐藤さんはこれに「沖縄が分断されていたじゃないか」と疑問を呈す。沖縄が米軍の施政下にあったことが忘れられていると。

「アメリカとの歪な関係は、沖縄でくっきりと可視化されます。私たちは、それを沖縄の基地問題だということで、覆い隠してきたわけですね。そして、国は、沖縄の声さえ潰せば、日本の根本的な矛盾を見て見ぬふりできると思っているのでしょう。もはや沖縄の人たちのために頑張りましょうといった次元の話ではなくなっているわけですよ。戦後の日本のあり方は一体全体これでよかったのかという問題意識が背後にあるわけです」

岩屋発言に戻すと、本人は無意識に発言したのかもしれないが、日本の民主主義の中に沖縄の民主主義が最初から含まれていなかったことが思わぬ形で露呈した。それが戦後日本の出発点ならば、県民投票で沖縄の民意が示されたところで、政府がそれを無視して工事を続行するのは驚くに当たらない。沖縄の声を無視するのがこの国の民主主義だからだ。

本土と沖縄に横たわる溝は、本土の国民が沖縄に思いを寄せないから、沖縄で起きている事実を知らないから、といった単純なことが原因ではない。戦後の日本が、本土の声は聞くが、沖縄の声には耳を傾けないという片手落ちの民主主義で出発したという実に根深い問題が背景に潜んでいる。

だからこそ、佐藤さんは、「悩みはどんどん深まるばかりだ」と言う。佐藤さんは沖縄に対する誤解を払拭し、事実を伝えれば、本土と沖縄の溝が埋まると考え、仲間の学者・ジャーナリストらと共に「沖縄米軍基地問題検証プロジェクト」を立ち上げ、「それってどうなの？　沖縄の基地の話。」、「沖縄の基地の間違ったうわさ　検証34個の疑問」といったブックレットを執筆・発刊してきた。しかし、広がりは不十分だという。その理由は、単なる広告・宣伝不足ではないと考えている。半ば嘆息しながら次のように指摘する。

「本土の国民は知りたくないのでしょう。何で知りたくないのかと言うと、知ると不安になるからです。沖縄に米軍基地を置いておけば、アメリカはいつまでも日本を守ってくれるし、大方の日本人は、そういう国の形が崩れるのが嫌で、それ以外の国のあり方など考えたくないのでしょう」

「沖縄版政界再編」

こうした根源的な問題を解決するには、どうしたらいいいのか――。

佐藤さんは、オール沖縄の再構築が課題だと言う。オール沖縄は、昨年の知事選、那覇市長選、豊見城市長選と三連勝、今年二月の県民投票でも辺野古反対の民意を示したばかりで、体制は磐石と思われる。

しかし、佐藤さんは「県民は今の社民党や社大党に満足しているわけではないと思います。県民の意思を具体化する組織をつくらなければ、今後も、オール沖縄が選挙で勝ち続けるのは難しい」と指摘する。

オール沖縄の既存の政党は、沖縄の民意を必ずしも掬い上げきれていないという佐藤さんの見方は意外だった。しかし、県政与党は、県議会で多数派を占めているし、国政選挙も、沖縄に限ってみれば、オール沖縄は衆院四区以外すべてで議席を確保してきた。これをどう見るのか。

「厳しい意見かもしれませんが、オール沖縄は翁長さんだからこそ勝てたわけで、デニーさんの勝利は、その翁長さんの弔い合戦で地すべり的に勝ったという側面は否めません。オール沖縄が選挙で勝てているのは、政党の力ではありません」

知事選はじめ各種選挙の勝利は、県政与党がそれぞれの政党の力で県民の支持を集めた結果ではないという指摘だ。しかし、県政与党に課題があるとしても、県民投票に現れたとおり、県民の中に辺野古反対の民意は根強いものがある。

佐藤さんは、「私もそう思いますよ」と頷くが、ただ、今後も政府から色んな締め付けが出てくることを考えると、沖縄だけがこういった選挙結果を出し続けるのは難しいと口にする。

「具体的には、オール沖縄の原点に戻って、保守の人たちを引き剥がすことをしなくてはいけないでしょう。翁長さんができなかったことは、保守の首長たちをこちらに鞍替えさせることでした。翁長知事誕生直後は、『翁長新党』みたいな話がありました。凝り固まった保守はともかく、そうではない保守中道の県民をもっと惹き付けることでしか、オール沖縄は維持できないでしょう」

山城博治さんも同じことを指摘していたのをふと思い出した。

山城さんは、『琉球共和社会憲法の潜勢力』（未來社）所収の論文「沖縄・再び戦場の島にさせないために」の中で、「沖縄版政界再編を進めよう」と次のように呼び掛けている。少し長くなるが引用したい。

「四分五裂し存在感を弱める本土の政治状況のコピーあるいは地方版としてある県内政治状況を改める必要がある。大同団結する県民の力をより形あるものにするために、政党もそれにふさわしい統一と団結を図らなければならない。（中略）沖縄に根を張る大衆政党として両党（社民党と社大党）が統一を検討すべき時期にきていないか。（中略）他方で労働組合も本土系列の弊害を正し、『沖縄』の立場にこだわり、『縦の連携』から『横の連携』へ比重を移す組織改編が求められる。（中略）その上で前記のように限りなく統合を進め、『沖縄党』として再生していく政党と連携が図られれば、きわめて強力な社会的力を発揮していくことができる」※（ ）内は引用者。

山城さんは、「沖縄が取りうる唯一最大の手法は、県民が団結する以外にない」と説く。

佐藤さんの語る課題や展望と軌を一にするものだ。

佐藤さんは、「沖縄県民の中には、私が思っているよりもはるかに強く、今の状況はおかしいと思っている人たちがいて、その気持ちをより強く表出できるような本当のオール沖縄という組織ができることを期待しています」と語る。

沖縄県民の根深い民意を掬い上げることができるのか、県政与党の力量が問われている。

佐藤さんは最後にこう語って締め括った。

「理想化しすぎかもしれませんが、やはり希望は捨ててはダメだと思います。私は、アメリカの公民権運動を真似ろと思っています。沖縄の問題と繋がるところがあると思っていて、当時の白人層が公民権運動を受け入れざるを得なかったのは、自分達が信奉する人権という普遍的な価値が掲げられていたからだと思うんです。キング牧師が暗殺され、白人と黒人との経済格差はいまだに解消されませんし、白人警官による殺人も起きています。それでも、黒人の公民権獲得をやり遂げた人たちがいたのです。沖縄の復帰運動、今後のオール沖縄の運動に通じるものがあると思っています」

佐藤さんが指摘したとおり、日本の民主主義を十全なものにするためには、「沖縄問題」として隠してきた、戦後日本の統治構造に目を向ける必要がある。そして、それは、沖縄

問題を解決することであると同時に、日本の民主主義・民主社会を真っ当なものにすることになるだろう。（中村）

あとがき

二〇一八年八月八日、翁長知事がすい臓がんのため急逝した。奇しくもそれは、私が取材で初めて沖縄入りする前日夜のことだった。私は、旅支度をしながら、翁長知事が意識混濁状態にあるため謝花副知事が職務代理者となること、それから程なくして、翁長氏が亡くなったことをテレビのニュースで立て続けに聞いた。

今回の取材日程は、土砂投入への抗議の県民大会に、病を押して翁長知事が登壇するかもしれないと聞き、その姿を一目見たいと思って組んだものだった。

四年前の知事選で、自民党出身でありながらオール沖縄に担がれて出馬、現職候補相手に圧勝。その後の全県選挙では連戦連勝。辺野古阻止を掲げて国と法廷闘争を繰り広げ、沖縄ナショナリズムを鼓舞する言霊を発し続けた政治家。

そして、つい先日、土砂投入Xデーの八月一七日を目前にして、埋立承認の撤回手続に入ると表明したばかり。そうした翁長像が走馬灯のように駆け巡った。

翌日、沖縄の地を踏むと、その日の沖縄の空気はずっしりと重かった。稀代の政治家の喪失に悲しむ沖縄の人々の思いがそう感じさせたのかもしれない。

地元紙は翁長知事の訃報を大きく取り上げ、県庁には半旗が掲げられていた。しかし、そういった重たい雰囲気を吹きとばすかのように、八月一一日に開催された県民大会には、台風一四号が最接近する中、七万人もの人が那覇市の奥武山公園に集まった。

会場に向かうと、生前の翁長氏が沖縄全戦没者追悼式で最後に語った挨拶が朗々と流れているのが遠くから聞こえてきた。知事死去前から準備されていた県民大会だったが、会場は、あたかも翁長氏の追悼集会のような悲しみと熱気に包まれていた。

翁長氏が見守っていると感じたのは私だけではなかったようだ。何とも不思議な出来事が起こったのだ。出棺前に父の遺言を県民の皆さんに伝えたいと駆けつけた次男・雄治氏（那覇市議）が壇上で挨拶を始めた途端に、猛烈な雨が降りだしたのだ。

すると、後ろにいた女性が「翁長知事が泣いてるんだろうね」と言い、隣にいた女性もうんうんと頷きながら「俺も参加したかったって言ってるんだろうね」と言葉を交わしていた。

辺野古移設阻止を掲げ、国と全面対決した稀代の政治家、そういったイメージを漠然と抱いていたが、この日の県民大会で感じたのは、「県民の父親的存在」としての翁長知事だった。

取材で沖縄入りするようになって感じたことは、沖縄の人々の爆発力だ。台風最接近最中の県民大会に七万人もの人が集まったこともしかり、県民投票条例の制定を求める署名で、必要数の有権者五〇分の一（約二万三〇〇〇筆）を大きく上回る九万二八四八筆が集まったこともしかりだ。

当初伸び悩んでいた署名は後半爆発的に増え続けた。このままでは実施が危ぶまれると、私は一人悶々としていたが、杞憂に終わった。さらに、その県民投票の結果も埋立反対が約四三万票と、知事選で玉城デニー氏が獲得した三九万六〇〇〇票を超えるものとなった。いざという時の沖縄の人々の爆発力、沖縄の人々を突き動かす原動力は何なのか。私の沖縄取材は、こうした疑問を訪ね歩く旅路でもあった。その問いは、オール沖縄とは何か、沖縄の草の根の民意とは何か、という本書の問題提起にもつながる。

辺野古では、昨年一二月一四日に土砂投入が始まって以降、着々と埋立工事が進んでいる。県民投票の結果も意に介さず、今年三月二五日には新たな区域での土砂投入も始まった。

「私たちは、そんなに無茶苦茶な要求はしてないはずだ。知事はじめ七割、八割の県民が辺野古に反対している。世界一危険な普天間を撤去してほしいとお願いすると、撤去はするが県内の別の場所に移すと言い出す。自分達の住む地域でこんなことが考えられますか？」

こんな怒りの声を何度取材でぶつけられたことか。彼らの思いは「選挙で示された民意を尊重してほしい」という一言に尽きる。取材の中で、「何度、選挙に勝てば工事は止まるの？」という声を聞くたびに、その声に知らん顔するのではなく、本土側の責任として沖縄のありのままの声を伝えたい。そう意を強くしていった。

本書は、二〇一六年から中村が「オール沖縄の実相」をテーマに取材を始め、二〇一八年からは私も加わり、見聞きした沖縄の人々の声を採録したものである。取材では、地元紙、運動家、自治会、主婦、学者、政治家など、できるだけ幅広い人々に耳を傾け、沖縄の「草の根」の声を聞き取った。本書が沖縄の切実な声を本土に伝える一助となれば幸いだ。

本書の完成には、本文で取りあげた方々だけでなく、たくさんの方々のご協力をいただいた。紙面の都合上、お一人おひとりのお名前をあげることはできないが、ここに感謝申し上げたい。

二〇一九年八月吉日

木村智広

辺野古

※　文中の写真、図は沖縄タイムス提供

中村憲一（なかむら・けんいち）
1979年、福岡県生まれ。同志社大学卒業。
『沖縄両論　誰も訊かなかった米軍基地問題』（2016年、春吉書房）では基地反対派、オール沖縄の取材・執筆を担当する。
2019年10月に『月刊フォーＮＥＴ』記者から独立、現在、東京でフリーライターとして活動中。

木村智広（きむら・ともひろ）
1983年、長崎県生まれ。長崎大学卒業。
現在、『月刊フォーＮＥＴ』記者。

草の根
ヤマトンチュが知らない「オール沖縄」の実相

2019年11月16日　初版第一刷発行

著　　者　中村憲一・木村智広
発 行 者　間　一根
発 行 所　株式会社春吉書房
〒810-0003
福岡市中央区春吉1-7-11
スペースキューブビル6F
電話 092-712-7729
FAX 092-986-1838
装　　丁　佐伯正繁
印刷・製本　モリモト印刷株式会社

価格はカバーに表示。乱丁・落丁本はお取替えいたします。
©2019 松本安朗
ISBN978-4-908314-14-8
Printed In Japan